JN327203

実用 レーザ 切断・溶接加工

実践に役立つレーザの知識

新井武二 著

Welding & Cutting

日刊工業新聞社

はじめに

　レーザを長年扱った経験をもつ中堅技術者でも、自分の知識では対応し切れない場合や解決に窮することがある。新規工程の導入や新しい生産技術の開発に直面したときなどである。このようなときには、実際的で豊富な知識をもっていると思われる技術者に期待が向けられる。

　一方で、技術者が不意に質問され、アバウトな答をせざるを得ないとき、あるいは、正確でなくとも何らかの解答を強いられることがある。それは、自身が明快な知識をもち合わせていないときに起こる。この場合に要求されているのは現場知識だけではなく、工学的な知識で裏付けられた実用的な技術である。当然なことながら誰にもわからないことはあるが、それでも技術者は本来「いい加減」な解答をすることを望まない。これはエンジニアの性分のはずである。

　レーザ装置メーカの熟練営業マンは、時にはエンジニア以上に明瞭に技術的な説明を加えることがある。技術者が営業マン以下の説明しかできないならばどうあろうか。それでは技術者の立つ瀬がないばかりか、技術に精通しているというプライドがそれを許さないであろう。技術者は根本的に営業マンとは違う。なぜなら技術に裏打ちされた理解と思考回路をもっている。それを発揮できるのは技術者であって、これが技術者の持ち味でもある。また、このことに喜びを感じるはずである。それは広範な知識と高度な工学的バックグラウンドがあってこそ可能なものなのである。

　レーザ技術は広く普及してきた。そのことによってレーザ加工はすでに十分理解されているかのように思われている。しかし実際はそうではない。細部にわたってわかったようでわからないのが「レーザ加工」である。その理由は、レーザ加工は事象が高速なうえに照射部の輝度が高く、発熱による溶融が材料内部にまで生じるために、視覚的に捉えることが困難なためである。さらに、本当の理解には多方面の学際的な知識を必要とすることにもよる。

　通常、判断のために得られる情報は加工後の被加工物（サンプル）のみである。そのため、理解不足から不十分な推論が生じ、時として邪推に近いアバウトなものがまかり通る。推論の多くは自らの経験に基づいており、その範囲を

超えることは稀である。したがって、予想もしなかったような斬新な結論が導かれることもほとんどない。周辺もそれらに対する反論の根拠をもたないために、半ば既成の事実のようになってしまうのである。比較的新しいレーザ加工の分野でよくありがちなことである。技術開発を推進していく過程では、意外性との遭遇は日常茶飯事である。また、研究によってもすっきりしない事象が生じ、疑問の溝の埋まらないことがある。これは"未知の領域"に接したときである。この唯一の解決策は加工原理の正しい理解である。

日本のレーザ応用技術は切断が全体の80％近く占め、溶接などの割合も増加しつつあるが、反対に、欧州では溶接の割合がレーザ応用の70％を占め、徐々に切断の割合が増加しつつあるという。その意味で切断加工や溶接加工はレーザによるもっとも重要な応用技術である。材料の対象が薄板から極厚板へと拡大し、特殊な材料の出現でますます加工の難易度は増してきている。さらに、加工精度や面粗度の追及が高度化し、多様化する材料に対応しつつ生産技術を向上させるためには、より実用的で高いレベルの知識と現象の深い理解が要求される。したがって、そのニーズに応えるような書物が必要になってきた。

本書は、技術者として知ってなければならないレーザ加工のうち、「高出力による切断加工と溶接加工」に絞ってより専門的にまとめたものである。普及の割には必ずしも明確でないカオス状態のレーザ切断加工と、溶接加工のレーザ技術をできるだけあきらかにすることで、技術者に実用的なレーザ加工技術の正しい技術伝承と、その上に立った新たな挑戦を促そうとするものである。

2014年6月

新井武二

目　次

はじめに ……………………………………………………………………………… 1

序　章　レーザ加工技術の変遷
- ❶-① レーザ加工の変遷 ………………………………………………………… 7
- ❶-② レーザと波長 …………………………………………………………… 8

第2章　レーザ加工の基礎
- ❷-① レーザと物質 …………………………………………………………… 12
  - 2.1.1　材料の光反射 ……………………………………………………… 12
  - 2.1.2　材料の光吸収 ……………………………………………………… 15
  - 2.1.3　ビーム走行と吸収率 ……………………………………………… 18
  - 2.1.4　各種材料の吸収率 ………………………………………………… 18
- ❷-② エネルギーパワー密度 ………………………………………………… 20
  - 2.2.1　ガウス分布とパワー密度の算出 ………………………………… 20
  - 2.2.2　ガウスビームのパワー密度 ……………………………………… 23
  - 2.2.3　デフォーカスと熱源幅 …………………………………………… 24
- ❷-③ レーザ照射とプラズマの発生 ………………………………………… 26
- ❷-④ レーザ加工とエネルギーバランス …………………………………… 29
  - 2.4.1　レーザによるエネルギー ………………………………………… 31
  - 2.4.2　酸化反応によるエネルギー ……………………………………… 31
- ❷-⑤ レーザとビームモード ………………………………………………… 33
  - 2.5.1　強度分布とビームモード ………………………………………… 33
  - 2.5.2　切断とビームモード ……………………………………………… 38
  - 2.5.3　溶接とビームモード ……………………………………………… 42
  - 2.5.4　ファイバレーザとビームモード ………………………………… 48
- ❷-⑥ レーザの発振形態 ……………………………………………………… 50
  - 2.6.1　レーザの連続発振 ………………………………………………… 50
  - 2.6.2　レーザのパルス発振 ……………………………………………… 52
  - 2.6.3　パルス発振と波形 ………………………………………………… 52
- ❷-⑦ ビームの集光 …………………………………………………………… 58
  - 2.7.1　レンズの収差 ……………………………………………………… 58
  - 2.7.2　回折限界 …………………………………………………………… 59
  - 2.7.3　レンズによる集光 ………………………………………………… 60
  - 2.7.4　ビームの収束性 …………………………………………………… 62

❷-⑧ 加工を支配する要素 ･･ 63
　2.8.1　レーザ加工の4要素 ･･････････････････････････････････････ 63
　2.8.2　加工パラメータ ･･ 65

第3章　レーザと加工機

❸-① CO₂レーザ ･･･ 70
　3.1.1　CO₂レーザ ･･･ 70
　3.1.2　CO₂レーザと発振 ･･･ 70
　3.1.3　CO₂レーザ加工機 ･･･ 72
❸-② YAGレーザ ･･ 75
　3.2.1　YAGレーザ ･･･ 75
　3.2.2　YAGレーザと発振 ･･･ 75
　3.2.3　基本構造としくみ ･･･ 76
　3.2.4　YAGレーザ加工機 ･･･ 79
❸-③ ファイバレーザ ･･ 80
　3.3.1　ファイバレーザと発振 ･････････････････････････････････････ 81
　3.3.2　ファイバレーザと加工機 ･･･････････････････････････････････ 82
❸-④ 半導体レーザ ･･ 85
　3.4.1　半導体レーザと発振 ･･･････････････････････････････････････ 85
　3.4.2　半導体レーザ加工機 ･･･････････････････････････････････････ 88
❸-⑤ ディスクレーザ ･･ 88
　3.5.1　ディスクレーザと発振 ･････････････････････････････････････ 89
　3.5.2　ディスクレーザ加工機 ･････････････････････････････････････ 90
❸-⑥ 加工システム ･･ 91
　3.6.1　ワーク移動方式 ･･･ 91
　3.6.2　光移動方式 ･･･ 92
　3.6.3　併用方式 ･･･ 93
　3.6.4　3次元加工システム ･･･････････････････････････････････････ 94
　3.6.5　ロボット結合方式 ･･･ 94

第4章　レーザ切断加工

❹-① レーザ切断の技術変遷 ･･ 98
❹-② 切断加工の位置づけ ･･ 98
❹-③ 切断加工の特徴 ･･ 101
❹-④ 切断加工の種類 ･･ 101
❹-⑤ 切断加工の加工現象 ･･ 102

	4.5.1	切断加工の原理 ……………………………………	102
	4.5.2	切断フロントの挙動 ………………………………	103
	4.5.3	切断フロントでの溶融流れ挙動 ……………………	105
	4.5.4	材料表面の温度ボリュームとフロントの除去量 ………	114
	4.5.5	切断速度に対する条痕ピッチの影響 ………………	117
	4.5.6	切断フロントの温度分布と熱拡散 …………………	119
❹-⑥	切断の限界速度 ……………………………………………	121
❹-⑦	切断とドロスの生成 …………………………………………	123
	4.7.1	切断フロントの断面 ………………………………	123
	4.7.2	溶融金属の流れベクトルで切断面を上から見る ……	124
❹-⑧	フロント形状のCAD化とシミュレーション …………………	126
	4.8.1	切断速度に対するガスの流速分布 …………………	127
	4.8.2	溶融金属の流れ密度分布 ……………………………	129
❹-⑨	パルス発振での切断 …………………………………………	130
❹-⑩	レーザ切断の加工事例 ………………………………………	132
	4.10.1	薄板の切断加工 ………………………………………	133
	4.10.2	中厚板の切断加工 ……………………………………	139
	4.10.3	厚板切断加工 …………………………………………	141
	4.10.4	特殊レーザ切断加工 …………………………………	144

第5章　レーザ溶接加工

❺-①	レーザ溶接の変遷 ……………………………………………	152
❺-②	レーザ溶接加工の位置づけ ……………………………………	152
	5.2.1	シートメタル加工での溶接法 …………………………	152
	5.2.2	レーザ溶接の分類 ……………………………………	153
	5.2.3	レーザ溶接加工の特徴 ………………………………	155
❺-③	レーザ溶接のメカニズム ………………………………………	156
❺-④	ビードオンプレート ……………………………………………	160
	5.4.1	シミュレーションと実加工サンプル ………………	160
	5.4.2	速度変化と変形量の比較 ……………………………	162
	5.4.3	溶接に伴う応力分布 …………………………………	164
❺-⑤	突合せ溶接 ……………………………………………………	166
	5.5.1	接合部材間のギャップ …………………………………	166
	5.5.2	エネルギー配分の検証 ………………………………	169
	5.5.3	シミュレーション解析 ………………………………	170
	5.5.4	溶接後の変形量 ………………………………………	174

5.5.5　突合せ溶接と角変形量 ………………………………………… 175
　5-6　重ね溶接 …………………………………………………………… 177
　　5.6.1　重ね溶接の加工現象 …………………………………………… 179
　　5.6.2　重ね溶接のシミュレーション ………………………………… 183
　　5.6.3　実加工実験による検証 ………………………………………… 183
　　5.6.4　重ね溶接の貫通時間の比較 …………………………………… 189
　5-7　溶接加工の実際 …………………………………………………… 192
　　5.7.1　溶接のパラメータ ……………………………………………… 192
　　5.7.2　溶接の欠陥 ……………………………………………………… 193
　5-8　溶接加工の事例 …………………………………………………… 195
　　5.8.1　薄板の溶接加工 ………………………………………………… 195
　　5.8.2　パルス溶接 ……………………………………………………… 201
　　5.8.3　シーム溶接とスポット溶接 …………………………………… 204
　5-9　自動車産業における溶接事例 …………………………………… 206
　5-10　ハイブリッド溶接 ……………………………………………… 207
　5-11　レーザ溶接の製品事例 ………………………………………… 211

第6章　レーザ作業の安全対策

　6-1　レーザ加工システムの安全対策 ………………………………… 217
　　6.1.1　レーザ加工システム …………………………………………… 217
　　6.1.2　レーザ発振器 …………………………………………………… 218
　　6.1.3　テーブル駆動系 ………………………………………………… 218
　6-2　作業時の安全 ……………………………………………………… 219
　　6.2.1　レーザ光に対する安全対策 …………………………………… 219
　　6.2.2　レーザ作業の安全 ……………………………………………… 220
　6-3　異常発生時の措置 ………………………………………………… 223
　　6.3.1　加工異常 ………………………………………………………… 223
　　6.3.2　レンズの熱暴走 ………………………………………………… 223
　6-4　そのほかの安全対策 ……………………………………………… 224
　　6.4.1　安全予防の実施と定期点検 …………………………………… 224
　　6.4.2　日常安全衛生の奨励 …………………………………………… 224
　　6.4.3　使用者への安全予防策 ………………………………………… 225

あとがき ………………………………………………………………………… 227
索引 ……………………………………………………………………………… 229

序章 レーザ加工技術の変遷

　本題に入る前にレーザ加工技術の歴史を探ってみる。それは、切断と溶接は当初よりレーザ加工技術の中心であり、レーザの歴史そのものに通じるものがあるからである。この技術的潮流をみると、多様化するレーザ技術の変遷の概要を知ることができる。レーザ切断は時代とともに切断技術の厚板化は鮮明である。溶接については競合技術との差別化が難しく、時代との明確なつながりは明らかではないが、レーザ溶接の高密度熱源のメリットなどが認識され、需要の高まりを見せて、レーザ溶接の研究も着実に進んだ。このような中で切断と溶接を理解するうえで、まずは日本におけるレーザ技術の全体像をみる。

❶-① レーザ加工の変遷

　ここで過去半世紀のレーザ技術をレビューする。1960年、Bell研究所のメイマンらによりルビーレーザの発振に成功した情報に接し、わが国では海外情報の収集や調査などが始まり、徐々にレーザとその応用への研究が始動し始めた。それから18年後、CO_2レーザの開発を目的に第1次国家プロジェクトが企画された。これを契機に、レーザ加工の研究が活発化し、溶接、表面処理・切断など、主に熱加工の代替技術として発展した。これがレーザ加工や応用技術の第1世代といえる時期である。

　その後、CO_2レーザやYAGレーザは高出力化し、厚い板材の加工が可能となった。レーザ加工機の性能が向上し高精度化した。それに伴い加工精度も機械加工の領域に迫ってきた。現在の高出力レーザの用途の大半は切断加工と溶接加工であり、切断用には出力が6kWが主流となっている。切断は軟鋼で板厚40mmの切断が可能である。また、レーザ溶接は一般的に薄板・中厚板が主流であり、突合せ溶接、重ね溶接などに用いられている。中出力機では、金属以外にセラミックス、ガラスなどの脆性材料の加工に用いられるようになってい

る。数Wから数十Wの低出力機はプリント基板の穴あけ加工、IT機器の印字などマーキングに使用されている。

　その後の移行期を経て高調波レーザが出現し、短波長、短パルス・超短パルス化が進み、軽薄短小向けの微細加工の時代に突入した。レーザ加工の第2世代というべき時期である。これによる新加工領域は着実に広がっている。その後、2008年頃から、新たに高出力のファイバレーザ、半導体レーザ、ディスクレーザなどの固体レーザが出現した。多くの加工現場でファイバ伝送のもつ自在性から、現場では他のレーザからの代替（リプレース）やファイバレーザ化が進んだ。

　高効率の半導体レーザも高出力化が進み、励起源から直に加工に用いることができる熱源へと変身し、直接加工用半導体レーザ（DDL：direct diode laser）となった。さらに、トルンプ社の独自のディスク（diskまたはdisc）レーザも16kWを超えて高出力化することで、溶接や切断加工への応用が盛んになってきた。高出力固体レーザの時代に入ったといえる。その意味で2010年を境に、それ以降を高出力固体レーザによる第3世代と位置付けることができる。一連のレーザ応用技術のトレンドを図1.1に示す。レーザは他の加工技術比べて短期間で急激な発展を遂げた。そしてさらに広がり続けていることがわかる。

❶-② レーザと波長

　光は波動的な性質を持った電磁波であるが、電磁波は電界と磁界を互いに直交した位置関係のサイン波（sine wave）で時間的に変化しながら空間を伝わると考えられている。

　19世紀の終わりには、マックス・プランク（Planck：量子論）により「光は波として伝播するが、きわめて小さなエネルギーの塊である光子として伝わる」とされ、これは「純粋な電磁エネルギーの塊であって、質量（重さ）がない」ので"光の速さ"で伝わるという考え方がなされるようになってきた。現在ではこの考えが主流を成している。すなわち、光は粒子群で成り立っていて、その1つの粒子、換言すれば基になる粒子の1つである光子（photon）はエ

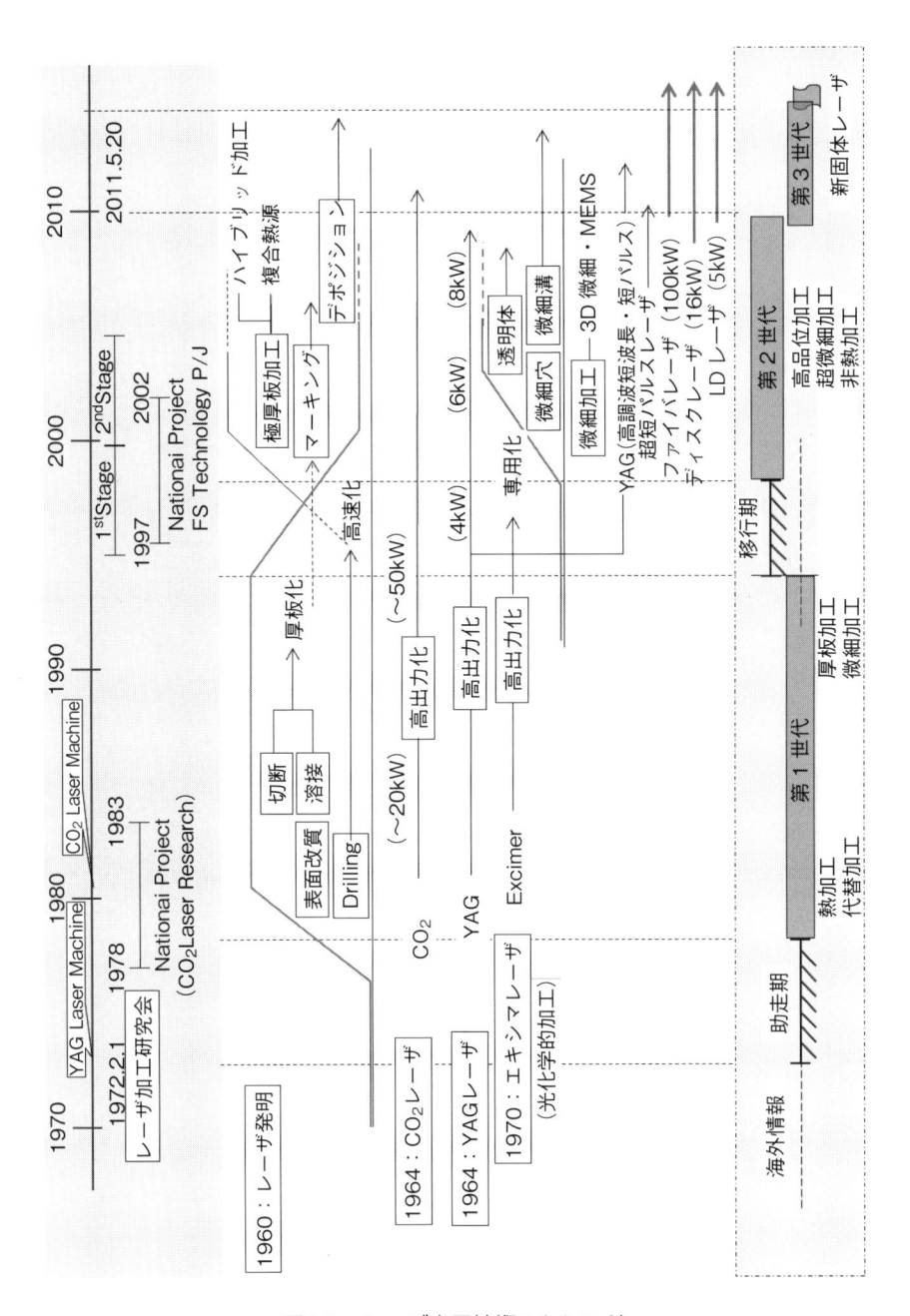

図1.1 レーザ応用技術のトレンド

ネルギーをもっている。その種類は広範囲に及び、宇宙線から、ガンマー線、X線、紫外線、可視光線、赤外線及び電波に至るまでをカバーしている。

　レーザ発振が確認された領域は紫外線、可視光線、赤外線などに属し、真空紫外やX線まで波長域が広がっているが、産業用に多用されている主なレーザは波長で0.2〜10数μm以内に入る（**図1.2**）。なお、現在では波長の物差しはnm（ナノメータ）である。

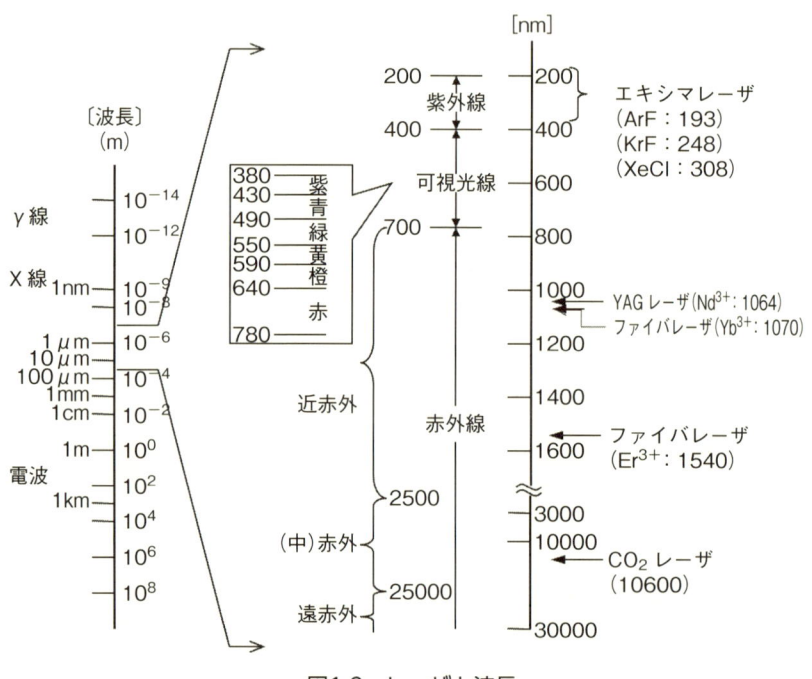

図1.2　レーザと波長

第2章

レーザ加工の基礎

照射直後の光の吸収・反射、材料の発熱現象、レーザのパワー密度やプラズマ発生など、すべてが詳細に解明されたわけではないが、レーザプロセスの諸現象を理解する上で、加工にとって基本となる事項に絞って説明する。

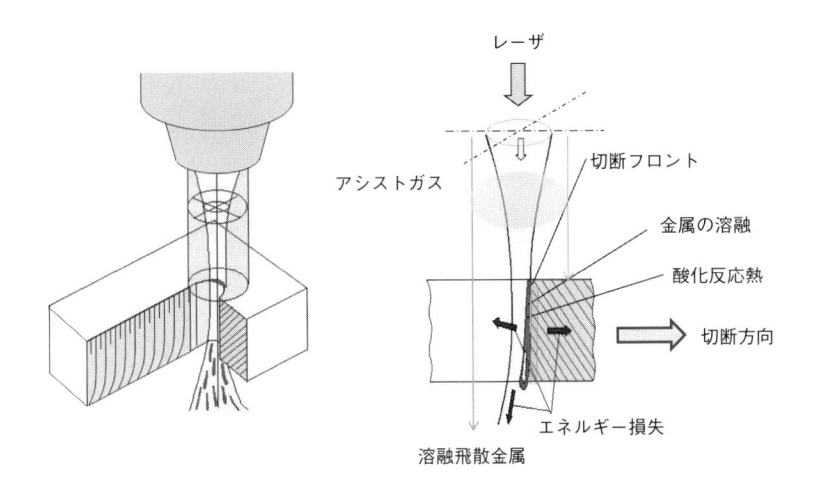

レーザ切断加工のエネルギーバランスの概念図

2-① レーザと物質

　レーザ加工は、レーザ光が材料に照射されることによって、材料面に生じる物理的変化や化学的な変化による事象を利用したものである。レーザを集光して照射すると、材料表面では瞬時で複雑な光と物質の相互作用が起こる。高出力のレーザによる材料加工のほとんどは熱加工現象であるが、これらの現象やメカニズムを理解することは、レーザ加工を学ぶうえで重要である。

2.1.1 材料の光反射

　大気中で幅をもった光を材料面に照射すると、境界面で一部分は反射し元の空間に戻り、一部分は屈折して材料（媒質）に入っていく。また材料によっては一部透過する（**図2.1**）。ここで反射率をR、吸収率をA、透過率をTとすると、この間には、

$$R+A+T=1 \tag{2.1}$$

の関係がある。ただし、一般に金属などのようなレーザ加工用材料に用いる固体では透過率はほとんど無いか無視できるので、吸収と反射だけを考えればよい。反射には正反射および乱反射（散乱）を含める。

　光が金属材料表面にレーザ光を入射したときのエネルギー反射率は、加工を想定したときには垂直入射だけを考えればよいことになる。レーザ光が材料表面に照射される場合、材料表面におけるエネルギー反射率Rは、以下の式で表される。

$$R \approx \frac{\dfrac{\sigma}{v}-\sqrt{\dfrac{\sigma}{v}}}{\dfrac{\sigma}{v}+\sqrt{\dfrac{\sigma}{v}}} = \frac{1-\sqrt{\dfrac{v}{\sigma}}}{1+\sqrt{\dfrac{v}{\sigma}}} \approx 1-2\sqrt{\dfrac{v}{\sigma}} \tag{2.2}$$

これはハーゲン・ルーベンス（Hagen-Rubens）の公式といわれている[1]。ここで、vは光の振動数（sec^{-1}）で、σは電気伝導度（S/mまたはΩ^{-1}・m^{-1}）である。

　このように、式（2.2）によれば、主な金属は波長が長いほど反射率は高く、

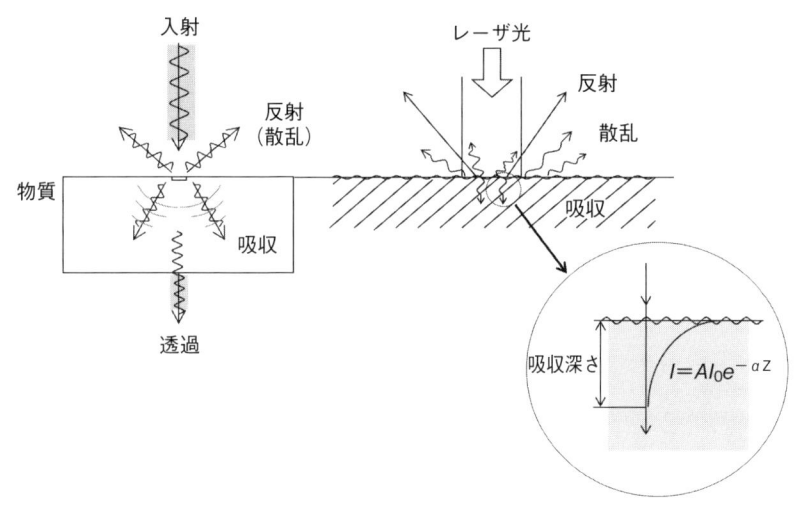

図2.1 物質による光吸収

反対に、波長が短いほど反射率は低くなる。また、反射率は電気伝導度の平方根に比例することから、電気伝導度が大きいほど金属の反射は大きくなる。

　実際の加工用材料に対する反射率は測定によるほかはない。それは材料の表面状態にもよるからである。一例として、波長10.6μmのCO_2レーザを用いて測定を行なった例を**図2.2**に示す。一定出力のレーザ光を試料表面に当て、反射される光を45°に折り返された先でパワーディテクタ（power detector）で受光して、熱量換算された入射光に対する反射光の割合から反射を測定した（**図2.3**）。試料は研磨面仕上げ、フライス面仕上げなど実際に即した表面で比較した。その結果、FC20の材料ではバス研磨面では85％以上が反射され、フライス仕上げ面では55％の反射を示した。同様に、SKH5ではやはりバフ研磨面が85％以上、シェーパ仕上げ面で40％の反射率を示した。また、SUJ2の研削面では70％の反射率を示した。表面をルブライトの黒化処理した面では、反対に5％の反射でしかなかった（**表2.1**）。

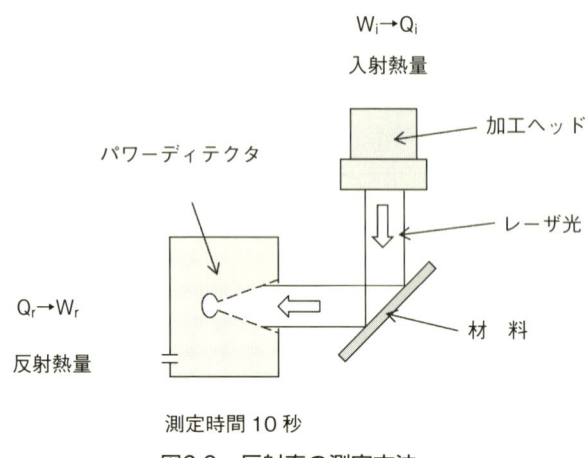

図2.2 反射率の測定方法

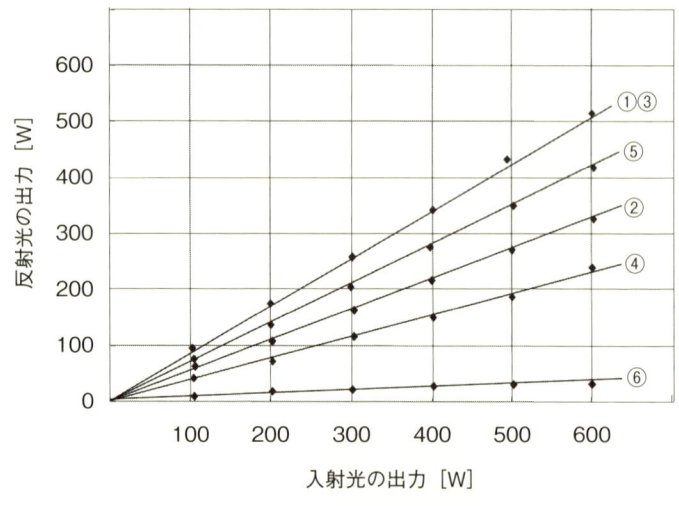

図2.3 反射率の測定結果

電気伝導度 σ（Electrical Conductivity）=電気伝導率：$\Omega^{-1}\mathrm{m}^{-1}$、電気抵抗率の逆数 $\sigma = 1/r$
電気抵抗率 r（Specific Resistance）=比抵抗：$\Omega \mathrm{m}$、したがって、$r = 1/\sigma$
電気抵抗 R：印加された電場で物質中の荷電粒子（電子・イオン）を加速することによる電荷の流れ（電流）に抵抗する働き。抵抗の主な原因は格子振動や不純物などによる散乱などによるとされる。

表2.1 各種金属表面状態での反射率

材種	区分	表面状態	反射率R(%)
FC20	①	バフ仕上げ	85
	②	フライス仕上げ (Rmax 24μ)	55
SKH5	③	バフ仕上げ	85
	④	シェーパ仕上げ (Rmax 24μ)	40
SUJ2	⑤	研削 (Rmax 5μ)	70
	⑥	ルブライト処理	5

2.1.2 材料の光吸収

　材料にレーザ光が照射されたときの材料表面における光の振る舞いは、一部は反射して残りは材内に吸収される。このことは程度の差はあるが、ほとんどの材料に当てはまる。光が吸収されるメカニズムには、格子欠陥や自由電子による吸収、格子振動による共鳴吸収などがある。また、材料による光の吸収は波長に依存するばかりか、材料の表面粗さなどの面性状や材内不純物にも影響される。CO_2レーザのような普通赤外光による金属加工の場合、材料内への吸収は自由電子の伝導吸収が支配的であるとされている。吸収率は材内に吸収される割合をいうが、ある波長に対する光の吸収率（または反射率）は材料によってそれぞれ異なる。

　ここで、金属の電気伝導度σの代わりに、電気抵抗r（Ω）とすると、吸収率は次式で表わされる。

$$A = 1 - R = 1 - (1 - 36.5\frac{\sqrt{r}}{\sqrt{\lambda_{(\mu)}}}) = 11.21\sqrt{r} \tag{2.3}$$

　CO_2レーザのように10μm以上の充分波長が長い場合には、かなり正確な値をとることが実験的にも確かめられている。これから主な金属は波長が短いほど吸収率は高く、反対に波長が長いほど吸収率は低いことがわかる。

ちなみに、ほとんどの固体や加工用の金属材料では透過率は無視できるので、式（2.3）の関係から、反射率または吸収率のどちらか一方が既知であれば、他方を求めることができる。ただし、吸収率が電気抵抗に比例するので、赤外波長のように長波長の領域においても、<u>温度が高くなると金属の電気抵抗は温度に依存し大きくなるために、結果的に吸収率は大きくなる</u>。レーザ加工プロセスは、材料表面で波長吸収が起こることにより、これがトリガーとなって発熱しプロセス現象を起こすのである。

　いま、強さI_0のレーザ光が材料表面に照射されたとすると、材料表面での吸収率をA、材料内部の吸収係数をαとした場合、表面からの深さzでの強度Iは、

$$I = AI_0 e^{-\alpha z} \tag{2.4}$$

で与えられることが一般に知られている。すなわち、材料内部で光の強度あるいはエネルギーは指数関数的に減衰することになる。また、材料物質以外の真空以外の空気や水分などがある空間を伝搬する光についても式（2.4）が適用される。このように媒質中を伝搬する光は、一部が吸収され、一部は塵や微粒子などによって散乱し減衰する。このように用いる場合には、係数αは減衰係数といわれる。

　光が物質に吸収される過程は次のようになる。**図2.4** で入射光の強度をI_0とし、ある媒質（材料）中の単位面積内を深さ距離$d(z)$通過すると、

$$dI(z) = -dI(z)dz$$

これから、

$$I(z) = I_0 e^{-\alpha z} \tag{2.5}$$

が得られる。I_0は材料表面（$z=0$）での強度である。また吸収係数αの負の記号は、正の量として吸収することによる光強度の減少を意味する。

　（2.5）式から材料内の距離zでの光強度（パワーあるいはエネルギー、またはパワー密度）がわかるが、距離$z=z_1$における材料の全光吸収量（I_0からは減衰）A_Zは次式で与えられる。

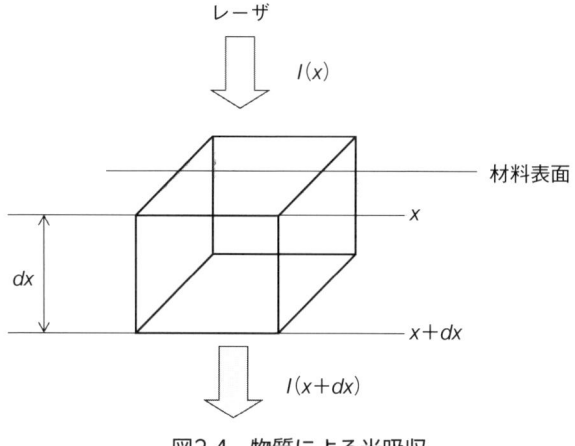

図2.4 物質による光吸収

$$A_z = I_0\{1-\exp(-\alpha z)\} \quad (2.6)$$

この時のαを、ω：角速度、c：光速、λ_0：真空中での波長として、

$$\alpha = 2\omega k/c$$

と置き換えると、さらに式（2.5）は、

$$I(z) = I_0 \exp\{-(2\omega\kappa/c)z\}$$
$$I(z) = I_0 \exp\left\{-\left(\frac{4\pi\kappa}{\lambda_0}\right)z\right\} \quad (2.7)$$

級数係数αの逆数は浸透深さと呼ばれ、光の強度が$1/e$に減衰する深さに対応していて、浸透深さを表している。これによると、浸透深さは波長が$10\mu m$付近では、アルミ（Al）の場合で11.8nm、銅（Cu）の場合で13.4nmであるという[2]。金属におけるレーザの吸収の深さは波長にもよるが、せいぜいサブミクロン以下であり、ごく表面に限られることが知られている。

なお、ここで扱っている用語の吸収率（absorption）Aは材料物質にレーザ光が吸収される割合であり、吸収係数（absorption coefficient）αは、光が材料

物質にどれだけ浸透していくかを表す量である。

2.1.3 ビーム走行と吸収率

実際のレーザプロセスでは、短時間一定の場所にとどまる穴加工を除いては、レーザ光は材料の表面を移動する。いままで光の吸収はすべて静止した状態での熱量換算などによる値であったが、移動する場合を扱う必要がある。レーザ光は移動速度に応じて材料表面で吸収される割合が異なる。光が走行する場合は減衰を伴うのが普通である。しかし、移動するレーザ光の吸収率の割合を求めることは一般に難しい。理解のために、筆者らがシミュレーションで求めた走行による吸収率の変化の割合を以下に示す。

$$A = A_0 \left(1 - \eta \sqrt{\frac{F^* r}{2\alpha}} \right) \tag{2.8}$$

ただし、$F^* = F - 1$であり、ルート内は移動熱源の無次元半径とする。ここで、A_0は走行前の材料の吸収率、Fは材料の送り速度[m/min]で、ηは表面状態などによる補正係数(たとえば、軟鋼の場合で$\eta=0.02$)で、αは材料の熱拡散率、rは熱源のスポット半径を示す。また、その関係を図2.5に示す。レーザビームが材料表面上を一方向に直線走行するとき、関与する熱量の速度に応じた変化と、シミュレーションによって求めた走行時の吸収率変化の双方から換算したものである。

その結果、吸収率は移動速度が増すにつれて式(2.8)に示すように減衰する。さらに加工速度が速まるにつれて、材料の一点に留まる時間が短くなることから、材料の反応が低下する。

2.1.4 各種材料の吸収率

材料の吸収は波長の領域によって異なるが、波長領域は広範囲にわたるため、測定を必要とする。レーザに該当する波長領域は紫外線領域から遠赤外線領域の範囲で、この波長領域で各種材料のレーザ波長と吸収率の関係を図2.6に示

$$A = A_0 \left(1 - a\sqrt{\frac{F^*r}{2a}}\right)$$

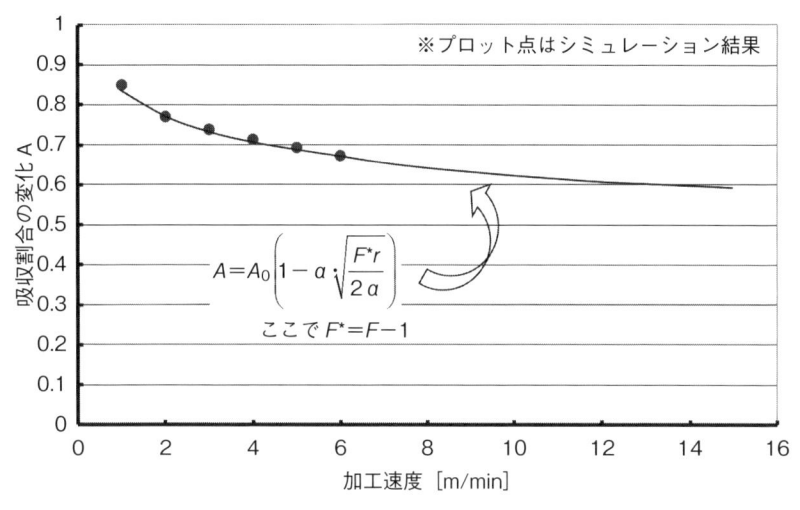

ここで $F^* = F - 1$

図2.5 送り速度に伴う吸収割合の変化

す。これらは、内・外部の種々の資料から寄せ集めたデータを基に作成したものである。ここに示したように、金属の多くは波長が長くなるにつれて吸収率は低下する。

ガラス材料については変則的な吸収ピークをもつものの、ガラスの透過限界波長は、不純物吸収などによる外的な要因を除けば、一般にガラス構造物質のバンドと格子振動に基づくマルチフォトン吸収によって決まる。ガラスの場合には内部に酸化物があって、特に長波長側では、この吸収によって光は減衰し透過しない。したがって、吸収されるが測定ができないのである。表面反射率を除いた内部反射率が一般の吸収率に相当する。特殊な成分を含むガラス材料は吸収する。理解のために、各波長に該当するレーザをグラフの上側に記入した。材料の吸収は、材料の面粗さや被膜などによる表面状態、および材料成分や組成によっても変化する。

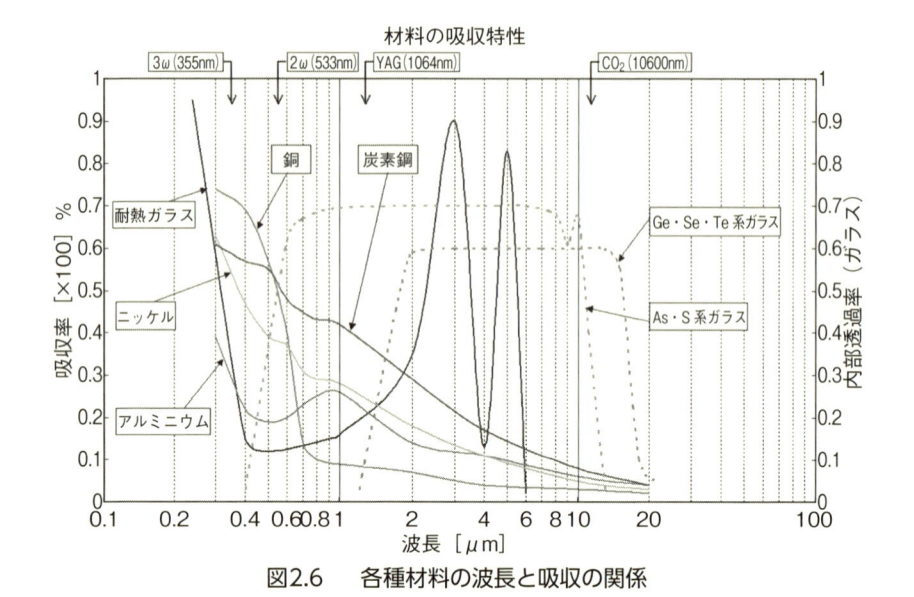

図2.6　各種材料の波長と吸収の関係

❷-② エネルギーパワー密度

2.2.1　ガウス分布とパワー密度の算出

（1）パルス発振ビームのエネルギー密度

　パルス発振によるエネルギー密度（またはパワー密度）はビームの広がりを θ、パルス幅（発振持続時間）を t、パルスあたりのエネルギーを E、焦点距離を f とすると、集光点でのパワー密度 P_i は次式で与えられる。

$$P_i = \frac{4E}{\pi f^2 \theta^2 t} = \frac{4E}{\pi \cdot a^2 t} \tag{2.9}$$

右辺はビーム直径が a で与えられた場合に用いることができる。また、ビームが移動していてそのときの走行速度が F（cm/s）で与えられる走行ビームの場合で、パルス幅が充分長いときは $t = a/F$ で計算される。

（2）ガウスビームの数学的記述

　一般に理想的なレーザビームの強度分布がガウス分布で近似できるものと仮

定し、そのピーク値をI_0、レーザのビーム半径bを中心強度I_0の$1/e^2$で定義すると、パワー密度分布は次式で与えられる。

$$P(r) = I_0 \exp(-\frac{2r^2}{b^2}) \tag{2.10}$$

ビームの単位時間あたりのエネルギーすなわちレーザ出力をP_0[Watt]とすると、

$$P_0 = \int_0^\infty I_0 \exp(-\frac{2r^2}{b^2}) 2\pi r dr = \frac{\pi I_0 r^2}{2} \tag{2.11}$$

となる。したがってE_0は次のようになる。

$$I_0 = \frac{2P_0}{\pi \cdot b^2} \tag{2.12}$$

この (2.12) 式を (2.10) 式に代入すると、

$$P(r) = \frac{2P_0}{\pi b^2} \exp(-\frac{2r^2}{b^2}) \tag{2.13}$$

がエネルギー強度分布すなわちパワー密度として与えられる。

ガウスモードのレーザビームが投入された場合、数学的にはガウス分布はX軸(ここではr軸)に対して$-\infty$と$+\infty$に漸近する。このため、使用されるエネルギーは次のような近似によって求められる(図2.7)。

指数関数の前項にI_0をおくと、投入される全エネルギーW_0は、半径$r=0$〜∞として次式で与えられる。

$$W_0 = \int_0^\infty I_0 \exp(-\frac{2r^2}{b^2}) 2\pi r dr = \frac{I_0 \pi r}{2} \tag{2.14}$$

また、一定半径rの間に投入されるエネルギーをW'とすると、

$$W' = \int_0^r I_0 \exp(-\frac{2r^2}{b^2}) 2\pi r dr$$

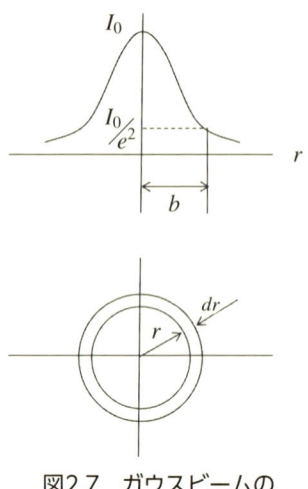

図2.7 ガウスビームのエネルギー分布

$$= \frac{I_0 \pi r}{2} \left\{ 1 - \exp\left(-\frac{2r^2}{b^2}\right) \right\} \quad (2.15)$$

これから、

$$W'/W_0 = 1 - \exp\left(-\frac{2r^2}{b^2}\right) \quad (2.16)$$

したがって、投入される全エネルギーの99％以上を用いるためには、上式の(2.16)式が$W'/W_0=0.99$となるビーム半径（中心強度の$1/e^2$となる半径）bに対する有効半径 r を求めればよい。それによれば、

$$r = 1.5474b \quad (2.17)$$

という結果となる。これは99％以上のエネルギーを全反射ミラーで受けるためには、レーザビーム半径の少なくとも1.5倍以上のミラー半径が必要なことを意味する[3]。

2.2.2 ガウスビームのパワー密度

ガウスビームの場合にパワー密度は式（2.13）で表される。これに基づいて解かれたグラフを図2.8に示す。出力をパラメータに焦点距離 $f=127$mm（5 inchレンズ）のレンズを用いて集光したスポット径が$\phi=300\mu$mの場合で、分布曲線の底の部分はほとんど変化せず中心密度が出力に比例して高くなっている。図は光軸を中心に左右対称となる。

レーザビームは集光後には基本的に広がりながら伝搬するが、ビームの広がりに応じて熱源としてのレーザのパワー密度も変化する。レンズで集光した場合、焦点位置で最小のスポット径を得るが、焦点位置を過ぎるとビームは必然的に広がりを見せる。この集光点（焦点）の以降におけるビームの広がりの程度をスポット径の大きさで表すと、図2.9に示すようなパワー密度の変化を見

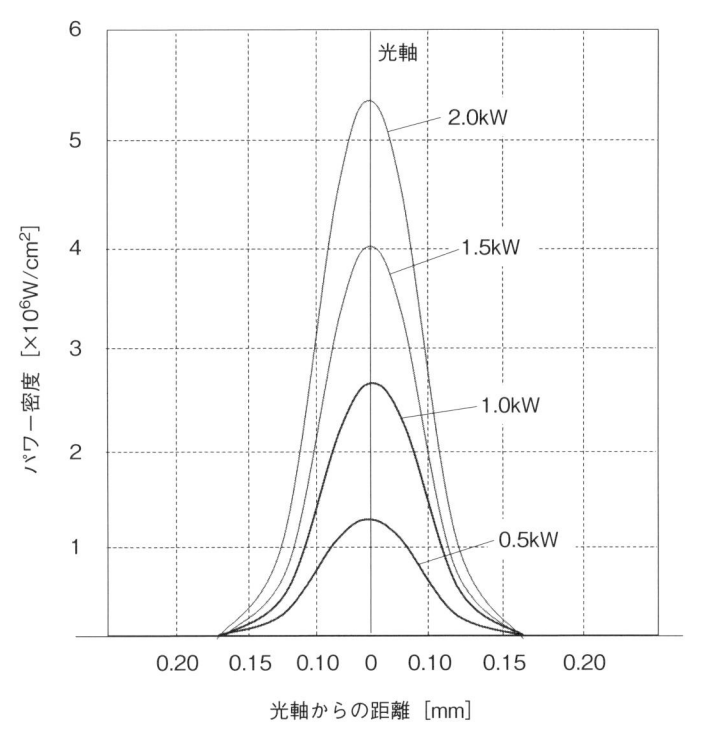

図2.8　各出力に対する集光特性

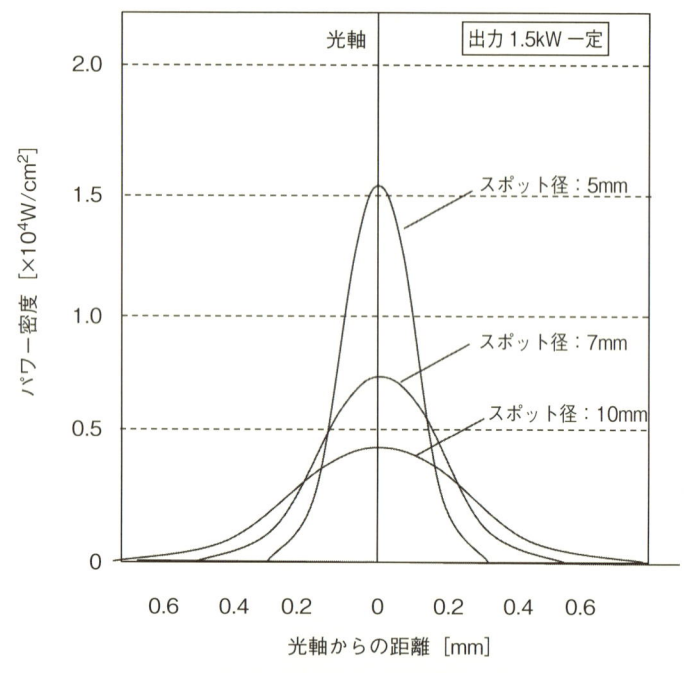

図2.9 スポット径を変化した場合のパワー密度

ることができる。すなわち、ビームが広がるにつれてスポット径は増すが、それに応じて中心の強度ピークが下がるとともに裾が横方向（半径方向）に広がる。その結果、中心ピークが低く幅の広い熱源を得ることができる。その反対に、焦点位置近傍のようにスポット径を小さくすると、中心ピークが鋭く尖って強いパワー密度を得ることができるが、熱源幅は極端に狭いものになる。熱源幅を固定してレーザ出力を増すと、この傾向のままでピークのパワー密度は比例して高くなる。

2.2.3 デフォーカスと熱源幅

レンズを装着した加工ヘッドは、ノズル先端に焦点位置がくるようにしていることが多い。この焦点（結像点）位置からより遠ざけることを焦点はずし、またはデフォーカス（defocus）という。ビームの焦点位置から遠ざかることはスポット径が大きくなり、中心のパワー密度を低く抑えることができる。焦

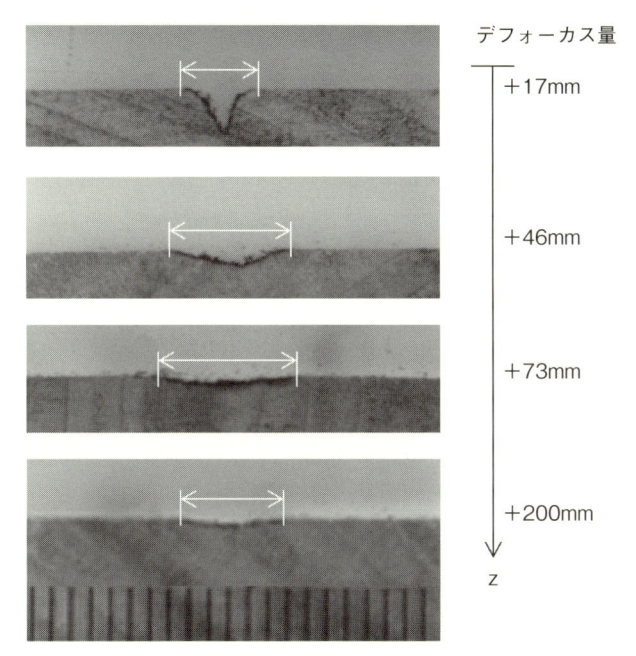

図2.10 材料上の焦点はずし量と幅の広がり

点位置の近傍では熱源幅が狭く、中心ピークが高い熱源となるため、一般には切断や高速で処理する溶接の場合に適している。反対に、熱源幅を広くすることにより、表面処理などの幅の必要な加熱用熱源として用いることができる。このように、レーザ加工ではエネルギー密度を変えることによって、種々の加工に用いている。

材料表面で熱源幅を変化させ、パワー密度を変化が材料表面の反応幅に及ぼす影響をみる。熱の影響が顕著に出やすい材料として、ここでは組織の緻密な広葉樹の木材（板目面）を選択する。材質はカツラ（桂）材（KATSURA：Cercidiphyllum japonicaum SIEB.et ZUCC.）で、材料表面レーザを走行させて材質の炭化による熱反応幅を観察する。実験は焦点距離 f =130mmのレンズで行った。その結果を図2.10に示す[3]。図のように焦点はずし量を変化させることにより幅や深さは変化するが、直線的ではない。なお、この図ではデフォーカス量をプラス記号で示したが、通常、マイナス表示もある。

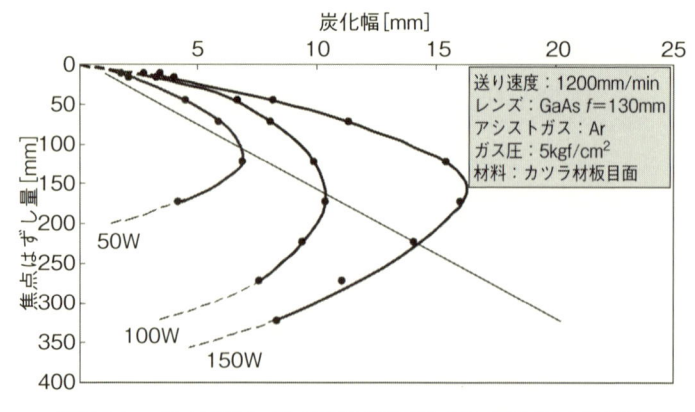

図2.11　出力変化に対する焦点はずし量と反応幅の広がり

また図2.11には、出力を変化させた場合の幅の変化を図示した。図中の直線は幾何学的な光の広がりで、一定の角度で直線的に広がるが、木材が燃焼し炭化した反応幅は焦点位置から遠ざかるにしたがって一旦は拡大するが、その後は範囲が狭まりしぼんでいく。炭化の幅は光の走行速度が遅いほど、また出力が大きいほど広がる。理解のために材料に木材を用いたが、レーザ光により材料加工にはパワー密度のしきい値があることがわかる。レーザ加工は材料の熱反応である。

❷-③ レーザ照射とプラズマの発生

一般に、レーザから取り出された高エネルギー密度のレーザ光が集光されて金属の表面に照射されると、レーザ誘起のプラズマが発生する。このような現象は、焦点位置を材料表面に合わせて走査する切断や金属材料の溶接加工時などに発生する。ここではレーザ加工とレーザプラズマの発生について記す。ステンレスの切断や溶接プロセスなどでみられる現象である。特に、溶接プロセスでは顕著である。

高出力のレーザパルスのような強力なレーザ光を集光すると大気中で火花放電を生ずるが、さらにターゲット材料に向けて集光し照射したときには照射面

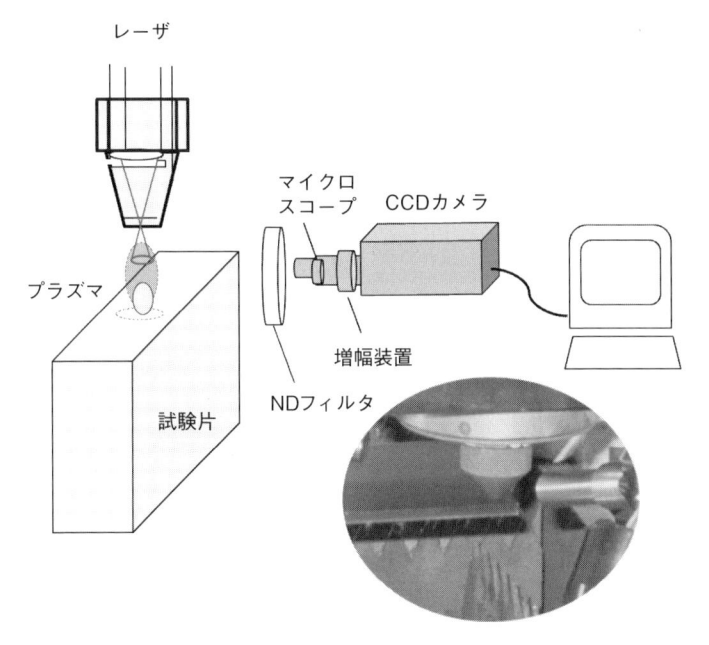

図2.12　プラズマの測定装置の概略図

から電子、イオンが放出されて光によってプラズマが発生する。このレーザ誘起プラズマは、電磁波（光）によってエネルギーの注入が行われるので、外部の影響を受けずに任意の場所でプラズマを発生させることができ、しかも得られたプラズマに不純物が含まれる可能性が少ないとされている。また、レーザは電子ビームのようにX線を発生することなく、大気中で溶接などレーザ加工が可能である。しかし、レーザを大気中または特定のシールドガス雰囲気中で集光し照射すると、レーザプラズマが材料表面に発生してレーザビームを遮断する。一部は吸収され、また一部は光散乱が起こるからである。

プラズマの観察にための測定装置概略を図2.12に示す[4]。プラズマは数十〜数百μsecの間で発生と消滅を繰り返す。したがってプラズマの発生は間欠的であることが報告されている。プラズマの発生は、材料、シストガスのガスの種類や流量によっても変化する。

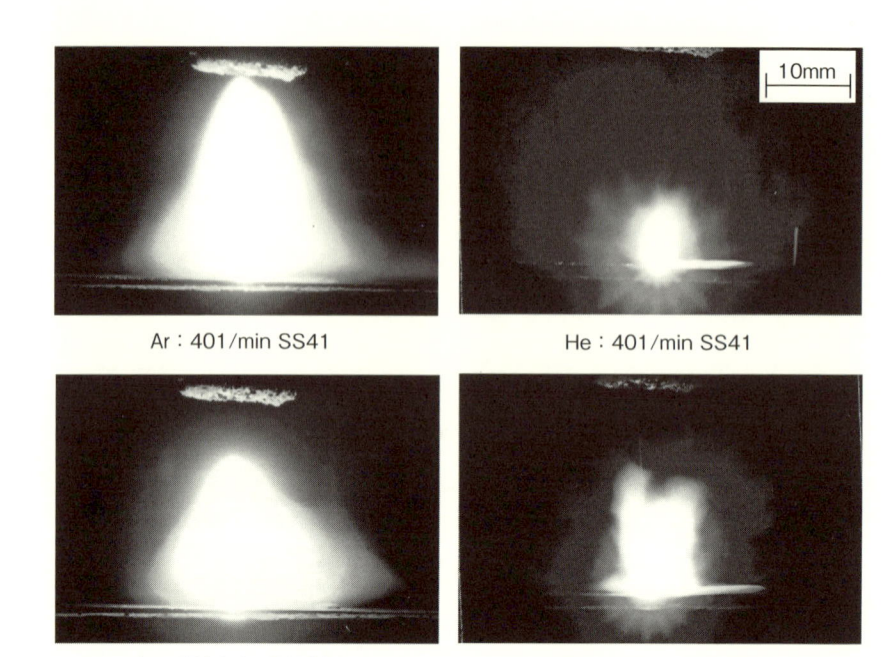

Ar：40 l/min SS41　　　　　　He：40 l/min SS41

Ar：40 l/min SUS304　　　　　He：40 l/min SUS304

図2.13　材料とアシストガスの違いによるプラズマ発生現象

　プラズマの観察例を**図2.13**に示す[4]。特にアシストガスでは、Ar > N_2 > He の順に電離の度合いが高く、プラズマ化しやすい。レーザプラズマには、表面プラズマと内部プラズマの2種類が誘起される。前者は表面プラズマで、雰囲気ガスが解離した桃色のプラズマである。

　図2.14 にレーザにより生起されるプラズマの種類を模式的に示す。これは斜め40〜60度のサイドからのアシストガスによりほとんど取り除くことが可能である。また、後者の内部プラズマは金属蒸気の解離により誘起されるもので、発光色は青色のプラズマである。これは内部から加工中に連続的に放出される蒸気によるものであることから、一般に取り除くことは難しく、このプラズマはワーク表面にとどまる。プラズマは高出力ほど大きい。

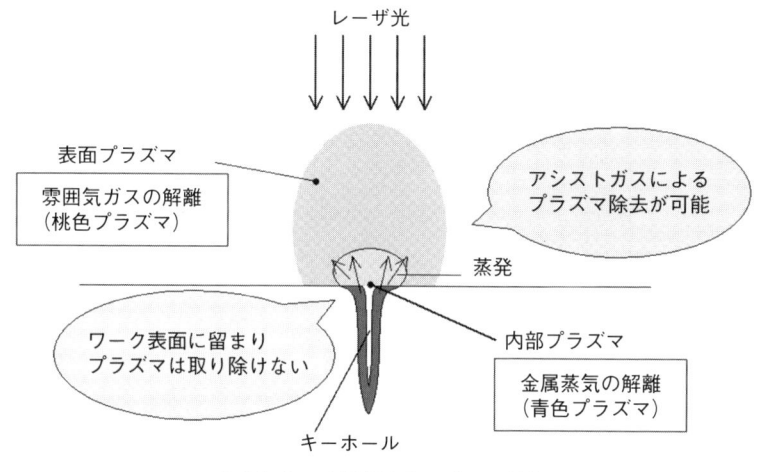

2.14 レーザ誘起プラズマの種類

②-④ レーザ加工とエネルギーバランス

　レーザは光であることから、材料の表面性状によって吸収率が変化することはすでに記した。実際にはそれだけでなく、レーザは溶融液面での反射や蒸発による損失が発生する。具体的には、母材への熱伝導による熱損失、液体の自由表面での対流による熱損失、固体と液体表面からの熱損失などがある。そのため、レーザ加工では光による入熱量の一定の割合しか寄与しないと考えられている。レーザ加工時に発生するエネルギーと使用されるエネルギーのバランスはすべてのレーザ加工に適用されるが、説明のために切断加工を例にとる。

　金属材料におけるレーザ切断は、レーザ光が照射される加工前面、すなわち、切断フロント（cutting front）で営まれる。切断フロントで生起される溶融金属に向かって噴射されるアシストガス噴流の運動エネルギーによって溶融金属は溝の外部に強制除去されるというメカニズムをとるため、レーザ切断の定常状態では熱源が関わる切断フロントで三日月状の溶融加工面のみで切断が営まれているのである（**図2.15**）。エネルギーバランスに関する類似の現象は、レーザ溶接でも引き起こされると考えられる。

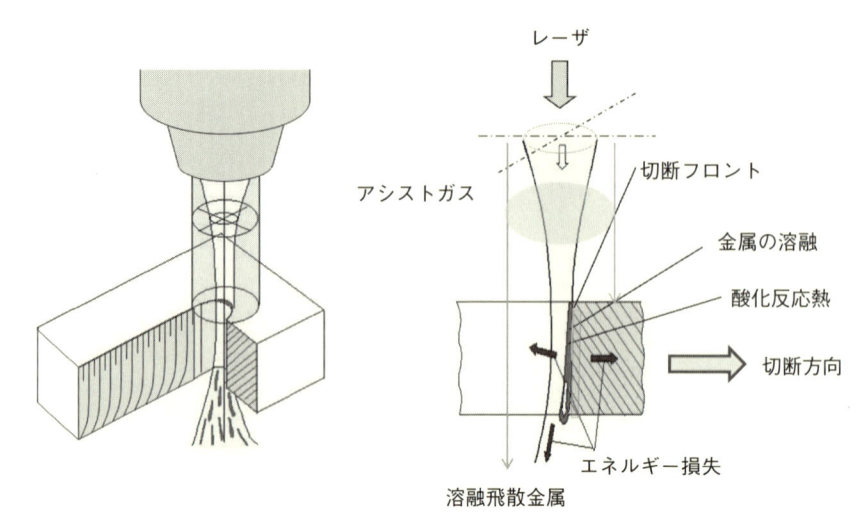

図2.15 レーザ切断加工のエネルギーバランスの概念図

金属のレーザ加工時におけるエネルギーバランスは次のように表される[5]。

$$E_{lp} + E_{cr} = \{(E_{th} + E_{lm}) + (E_{tv} + E_{lv})\} + E_{loss} \tag{2.18}$$

ここで、E_{lp} はレーザ入熱によるエネルギー
　　　　E_{cr} は酸化反応によるエネルギー
　　　　E_{th} は室温から溶融までの昇温に要するエネルギー
　　　　E_{lm} は溶融潜熱
　　　　E_{tv} は溶融から蒸発までの昇温に要するエネルギー
　　　　E_{lv} は気化潜熱
　　　　E_{loss} はエネルギー損失
である。

　材料によるが、実際の金属加工においては右辺の蒸発に関わる量 $E_{tv} + E_{lv}$ は相対的に大きくないと考えられている。特に、切断加工では溶融金属が発生するや否や、ほとんどはアシストガス噴流の運動エネルギーによって溝の外部に強制除去される。ただし、非金属や高分子材料などは、熱劣化や熱分解によるもので、蒸発の割合は大きい。

2.4.1 レーザによるエネルギー

　レーザは光であることから、切断速度や材料表面の性状や入射角度によって吸収が変化する。また、レーザは溶融液面での反射や蒸発により損失が発生する。具体的には、母材への熱伝導による熱損失、液体の自由表面での対流による熱損失、固体と液体表面からの熱損失などがある。そのため実際のレーザ切断では光による入熱量の一部しか寄与しないと考えられる。レーザ光のエネルギーをP_0、材料に対するレーザ光の吸収率をA、加工に対する寄与率をηとすると、レーザ入熱によるレーザエネルギーはE_{lp}以下の式で与えられる。

$$E_{lp} = A \cdot \eta \cdot P_0 \tag{2.19}$$

ここで、Aは材料固有の値で、金属では約$A=0.8$程度である。材料の光吸収の割合は表面状態や走行速度にも影響されるため寄与率が変化すると考える。これが実際の切断加工におけるレーザ入熱によるエネルギーである。なお、溶接加工では、溶融池を形成するので寄与率は切断加工に比べて大きい。

2.4.2 酸化反応によるエネルギー

　アシストガスに酸素（O_2）ガスを用いた鉄系材料を加工では、酸化による化学反応とそれに伴う発熱量が追加される。たとえば、レーザによる軟鋼の切断加工のような場合、移動しているレーザ光と酸素ガス噴流によって溶融金属が酸化・燃焼し除去されるが、酸素が溶融金属中に拡散して燃焼反応をしているとすると、その反応は以下の式で与えられる。

$$Fe + \tfrac{1}{2}O_2 \rightarrow FeO + \Delta E_1$$

$$2Fe + \tfrac{3}{2}O_2 \rightarrow Fe_2O_3 + \Delta E_2 \tag{2.20}$$

$$3Fe + 2O_2 \rightarrow Fe_3O_4 + \Delta E_3$$

ここで、ΔE_nは1 molあたりの量で、高温でのマイナス（—）で発熱反応になる。

アシストガスに酸素を使用したレーザ加工の場合には、切断フロントや加工反応前面で、短時間のうちに次々と新生面に加熱される。溶融金属と酸素ガスとの2つの境界層で、鉄と酸素の反応が表層で瞬時に起こると考えられる。したがって、加工途中の主な反応はFeOの生成であることから、大半を次の式が占めるようになる。

$$Fe + \frac{1}{2}O_2 \rightarrow FeO + 257kJ/mol \tag{2.21}$$

酸化による発熱量は、単位時間にレーザ光の照射を受けて溶融・発熱する部分であって、単位時間ありの発熱量はQ_0 (kJ/s)、反応が起こっている時間t（sec）とすると、

$$\left\{ (V \cdot \rho)/M_{m\text{-}Fe} \right\} \cdot \Delta E_1 / t = Q_0 \tag{2.22}$$

ここで、Vは切断フロントでの除去体積(mm)、ρは密度(g/mm^3)、$M_{m\text{-}Fe}$は鉄の原子量（g/mol）である。ただし加工に対してすべての熱量が寄与するとは限らないので、溶融金属中の酸化の割合（FeO変換率：$0 \leq C < 1$）をCとするとし、実際の加工では寄与率をεとすると、酸化反応により発生するエネルギーE_{cr}は、

$$E_{cr} = C \cdot \varepsilon \cdot Q_0 \tag{2.23}$$

で与えられる。

寄与率は計算モデルにもよるが$\varepsilon = 0.5 \sim 0.8$ 程度で、FeOへの変換率$\eta = 0.447$とすると、単位時間あたりの酸化反応エネルギーを得る。金属などのレーザ熱加工における加工エネルギーは式（2.19）と式（2.23）の和によって与えられる。なお、割合は少ないが、N_2やArなどの不活ガスを用いる溶接加工の場合でも、材内酸素や周辺の空気中の酸素を巻き込んで酸化は生じると考えられる。

❷-⑤ レーザとビームモード

2.5.1 強度分布とビームモード
（1） ビーム内の強度分布

　レーザビームは発振方式や構造などから発振器固有の光強度分布をもっている。これを「レーザのビームモード（beam mode）」と呼ぶ。そのうち基本モードはシングルモードで、正規分布の形をしていることから「ガウスモード（gaussian mode）」と称される。このモードは一般に低出力レーザにおいて得られる。したがって、産業用として多用されている高出力レーザにおけるビームモードは、ほとんどが擬似的なガウスモードであるか、多くのモードを同時に有するミックスモードである。ビームモードの違いはレーザプロセスの加工品質と大きく関係している。したがって、ビームモードは加工品質に関わる重要な問題として理解する必要がある。ここでは基本的な事項について述べる。

　レーザ光は、共振器内を往復することにより、最終的には定まった強度分布に落ち着く。これにより取り出されるレーザビームは固有の電磁界分布状態を有するようになる。レーザビームの光路（beam path）に垂直な断面で観察すると、ビーム内の強度は一様ではなく、種々の強度分布状態をもっている。このようなエネルギーの強度分布状態（断面内の振幅分布）をビームモードと呼んでいる。これは装置の種類、発振方式などによって異なるが、また、モードからくるさまざまな分布形状、すなわちレーザビームの断面内の振幅分布を「モードパターン（beam pattern）」という。ビームには横モードと縦モードとがある。

（2） 横モード

　光軸に垂直な面での強度分布を「横モード（transverse mode）」という。これらは赤外線レーザなどでアクリル板上にレーザを照射することによって得られる蒸発痕のバーンパターン（burn pattern）によって、その概略の形を知ることができる。横モードは共振器内の反射鏡の角度が多少ずれても分布状態への影響は敏感で、特に光の強度分布なので材料加工に対する影響は大きい。一般に、レーザ加工においてビームモードと称する場合には横モードを指すこと

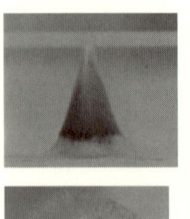

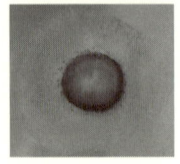

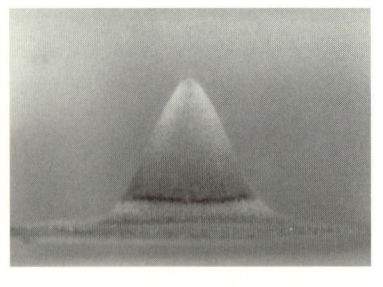

(a) 低出力レーザによるシングルモード

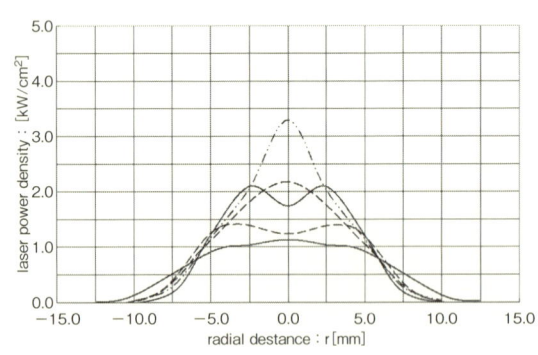

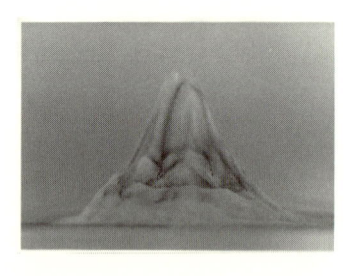

(b) 高出力レーザによるミックスモード

図2.16　CO_2レーザの実際のバーンパターン[3]

が多い。

　レーザは光波で基本的には電磁波である。横モードは英語ではTransverse Electro Magnetic Wave（横電磁波）と書くことからこの頭文字をとってTEM波といい、一般にTEMmnで指定される。この添え字のm、nは整数で、分布強度の谷の数を示す。この場合、強度分布の山の数がx方向に（m＋1）個、y方向に（n＋1）個となることを意味する。このうちm＝n＝0、すなわちTEM$_{00}$はシングルモード（single mode）、または、単一モード（基本モード）と呼ばれ、その強度分布は中心に最大強度をもち、統計学でいうところの正規分布を呈している。このようなことから特に、シングルモードを正規分布またはガウス（Gauss）分布とも呼ばれている（**図2.16**）。シングルモードに対して、それ以外のモードを総じて「マルチモード（Multi-Mode）」または多重モ

ードと称している。

詳細には共振器の中に電磁波が存在するとき、電磁波の状態（モード）はMaxwellの電磁方程式を適当な境界条件下で解くことにより定められる。発振モードの数学的な取扱いはやや複雑になるので省略する。光は電磁波であるが共振器の長さが波長の数十万倍程度であるので、数多くのモードが存在する。強度分布はこの波動関数分布で表される電界分布Eの絶対値の2乗：$|E|^2$で示される。この関係を図2.17に示す。これはモードの性質を知るうえで基本となる。また、産業用レーザで多用されている安定型共振器から発振される各種のモードで、立体の鳥瞰図としても横に示す。安定型共振器においては円形の反射鏡を用いるので、どの断面をとっても相似形である。

一方、シングルモードを維持しつつレーザ出力を上げるためには、共振器長を細く、そして十分長くとらなければならず、装置構成上またはアライメント上からも限界がある。高出力化によるレンズ、ミラーなどの光学部品の耐光強度にも限界があり、共振器の管径を大きくするのが普通であるが、このように大出力化とモード純化（TEM$_{00}$化）は、一般的に相反する条件下にある。

TEM$_{00}$モードは集光特性が優れており、小さく絞ることができる。これに対

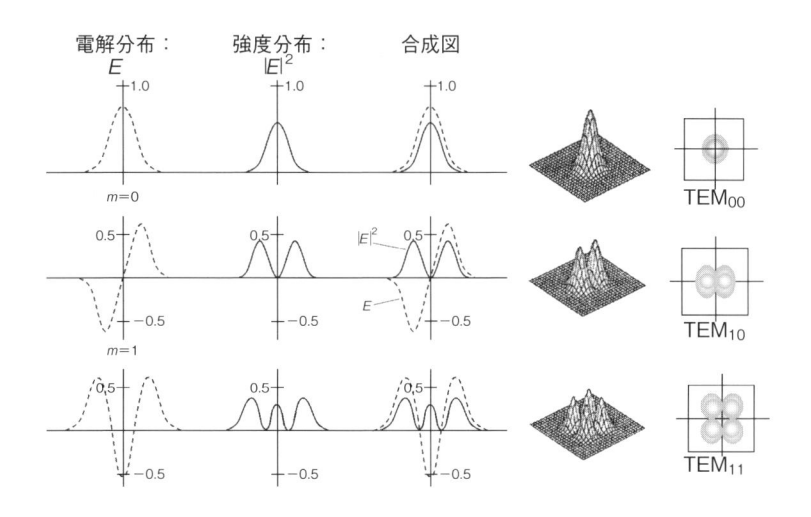

図2.17　横モードにおける各種強度分布

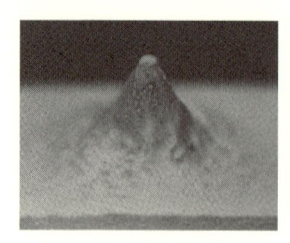

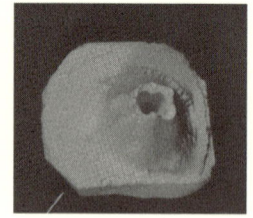

(a) シングルモード (TEM$_{00}$)　　(b) ドーナツモード (TEM$_{01}^*$)　　(c) マルチモード (TEM$_{nm}$)

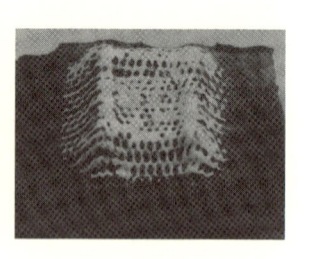

図2.18　工業用レーザーの典型的なビームモード

してその他のモードでは、一般にTEM$_{00}$モード以上には小さく集光できない。**図2.18**には産業用に利用されているレーザの実際のビームモードをレプリカで示した。モードの集光特性を見る上で目安となる集光性を示すモード係数がある。ここでMはエム値といいビーム拡大率で、M^2（エムスクエア）はビームの広がり角度とビームウエストでの半径の積で、ビームの拡大・縮小によって変わらない値である。シングルモード（TEM$_{00}$＝1）に比較してどれだけ高次モードかを示す係数でもある。

表2.2には、目安としてモード名称とMおよびM^{2}の値の関係を示した。

（3）縦モード

これに対して縦モードは直接観察することは難しく、共振器の軸方向に一往復したときの波面全体にわたる位相遅れが2πの整数倍になるような定在波の分布状態を示すもので、発振ビームの周波数はレーザ媒質と共振器の一定の要件を満たす条件下で決まる。

共振器でつくられる定在波の周波数を共振周波数というが、光の領域での振動数は非常に高く、基本波の定在波は1万分の 数mmと小さく、実機での共振器長がメートルのオーダであることから共振周波数は高次の定在波になるが、光共振系では励起原子が速度vで熱運動をしながら周波数f_0で光を出すと、音波のときと同様にドップラー効果により、

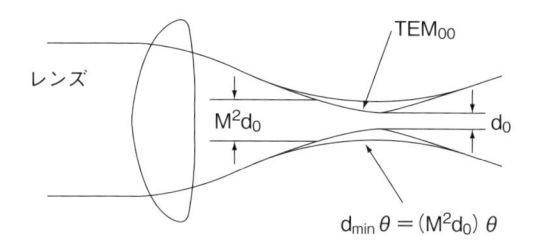

$d_{min} \theta = (M^2 d_0) \theta$

	モード名	86.5%半径	M	M^2
点対称	TEM_{00}	W	1	1
	TEM_{10}	1.64×W	1.64	2.70
	TEM_{20}	2.12×W	2.12	4.48
軸対称	TEM_{01}^*	1.32×W	1.32	1.75
	TEM_{11}^*	1.88×W	1.88	3.54
	TEM_{21}^*	2.31×W	2.31	5.35

表2.2 各種モードの集光特性

$$f = f_0 \left(1 \pm \frac{v}{c}\right) \tag{2.24}$$

となり、光の進行方向に（＋）、反対方向に（－）の周波数変化を生ずる。実際には、原子はあらゆる速度と方向にランダムな運動をするので、その周波数分布は広がりのあるスペクトル線幅をもつようになる。これを「ドップラー幅（Doppler width）」または「ドップラー広がり（Doppler broadening）」という。この広がった線幅の間隔より周波数幅が広い場合には、いくつかの定在波が含まれ、両者の重なり部分で発振する。

　レーザ発振は共振器内の周波数とレーザ媒質のエネルギー遷移の周波数と一致する必要がある。このようにドップラー幅内の発振スペクトルの形態を「縦モード（longitudinal mode）」または「軸モード（axial mode）」または、周波数モードという。**図2.19**に縦モードの概念図を示す。

図2.19　レーザスペクトル分布

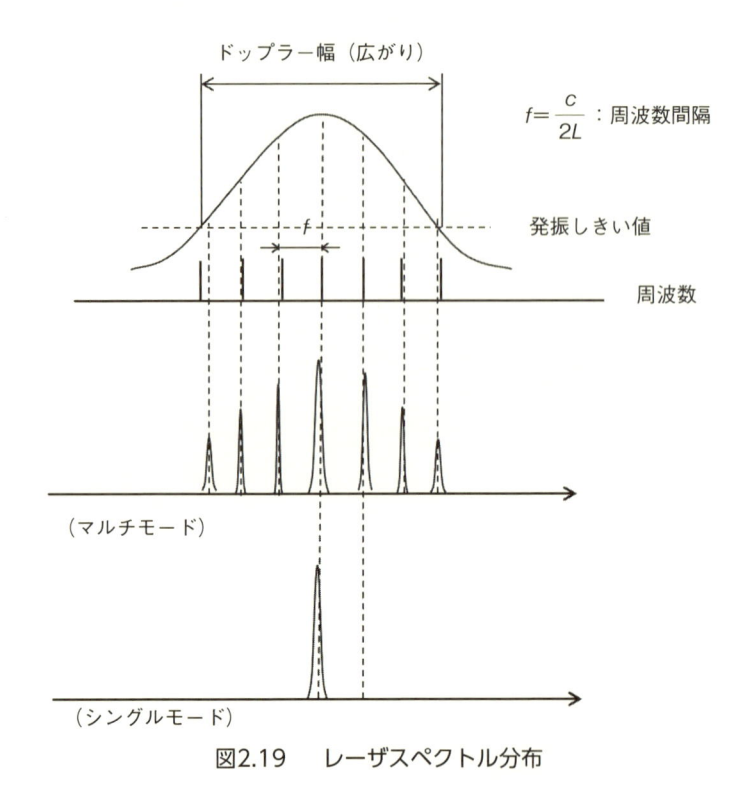

共振器内の周波数間隔は、

$$\Delta f = \frac{c}{2L} \tag{2.25}$$

となる。共振器長の大きなレーザにおいては、レーザ利得特性の周波数スペクトル幅（ドップラー幅）が、共振器の共振周波数間隔よりかなり大きいので、Δfの間隔で並ぶ多重モードで発振する。この縦モード数が多少多いときには、多少変化しても材料加工に対する影響は少ないとされている。

2.5.2　切断とビームモード

　ビームモードの切断加工へ影響を述べる。ただし、ここで扱うのは産業用に広く用いられているシングルモード（擬似シングルモードを含む）、マルチモード、ならびに擬似的なドーナツモードにとどめ、切断特性に限っていくつか

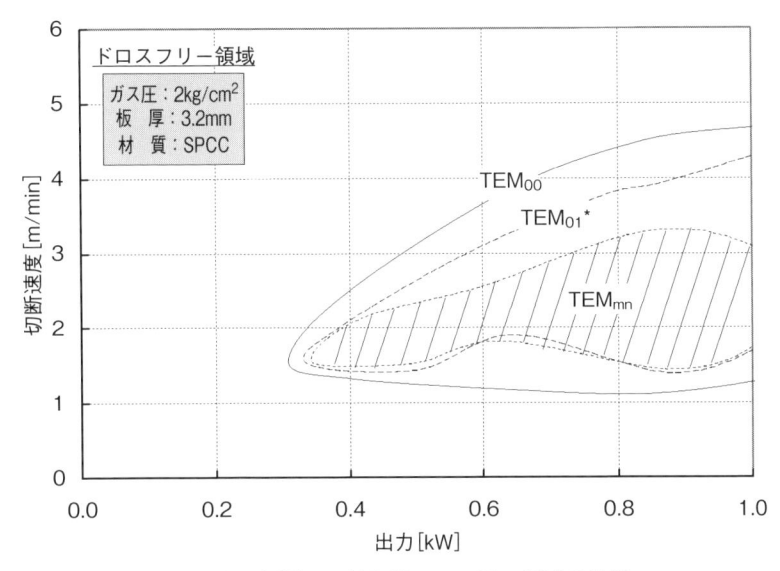

図2.20　各種モードとドロスフリー領域の比較

を比較検討する。

（1）安定加工領域の比較

1）ドロスフリー領域：切断加工においてもっとも大切な要因の1つに、出力や切断速度などの加工条件を変えた場合に、ドロスフリー領域が広いことがあげられる。ドロス（dross）は切断時に下面切断溝にこびりついた無数の溶融金属をいう。これがない状態を「ドロスフリー（dross free）」と称している。この領域は広いことは加工の安定性と加工能率の向上につながる。すなわち、加工が広範な条件で安定して行えることを意味する。3種類のモードで比較したドロスフリー領域の例で板厚3.2mmの場合を**図2.20**に示す。同一の条件下では、高次モードになるほど加工の範囲が狭まり、広い領域では安定加工ができない。この点において、明らかにTEM_{00}モードが他の2つのモードより優れている。

2）加工深度の許容値：レンズには焦点深度がある．その定義は必ずしも正確なものではないが、集光されたビームウエスト位置を基準に、①ビーム径が5％増加するまでの範囲、②単にスポット径の$\sqrt{2}$倍までを考慮する方法があ

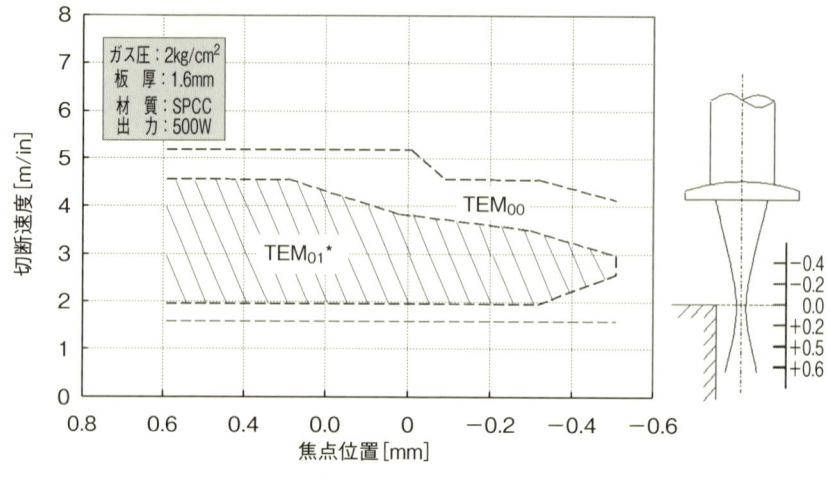

図2.21 ビームモードと加工深度の比較

る。しかし、これらの値は微小で加工には適用できない。加工において、焦点位置を上下にはずしてもドロスフリーで良好な切断が行える範囲を「加工深度（または切断深度）」とすると、実際の加工において、光軸方向（Z方向）に許容される切断深度は焦点深度よりはるかに大きい、加工においては切断深度の方が重要である。この値もシングルモードまたはそれに類似のTEM$_{00}$モードの方が優れていて、数十％はその値が向上する。この例を図2.21に示す。

3）板厚と加工速度：板厚を増すと良好に加工のできる範囲が一般に狭くなる。良好とはドロスフリーで面もよい状態をいうが、この範囲を3種類のモードで比較する。出力1kWのレーザ発振器を用いて板厚9mmまでの範囲で良好に切断可能な速度範囲を求めた。その結果は図2.22に示すように、範囲を広くとれるのもシングルモードであり、マルチモードの場合にはその曲線は変動が多く不安定で、かつ板厚が増すにつれて良好な加工条件はピンポイントとなり、6mm以上では加工が難しくなる傾向を示した。

（2）その他の特性比較

1）面粗さの比較：面粗さはビームの振れなどに大きく依存する。ビームの安定性を示す指標にポインティングスタビリティ（pointing stability）がある

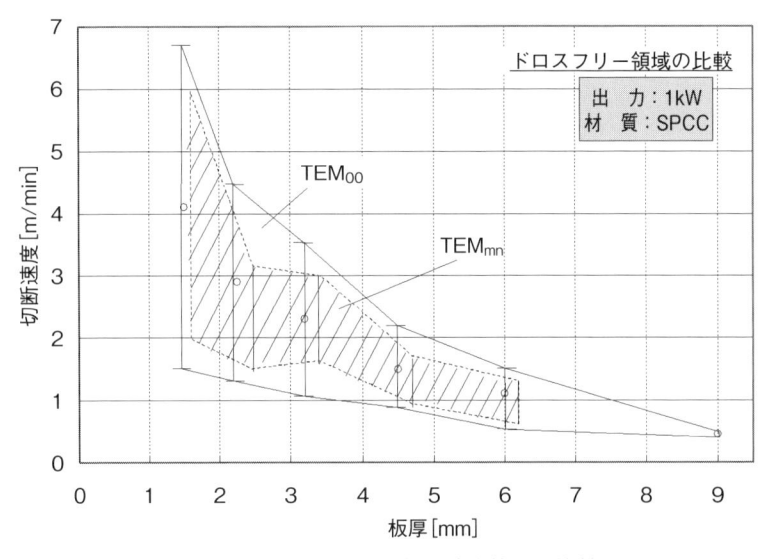

図2.22 板厚の変化と加工速度範囲の比較

が、これが優れていることが基本である。したがって、ビーム振れという観点から高速軸流と低速軸流では後者の方が、一般的に加工面粗度（面粗さ）においてはまさっているといえる。しかし、低速軸流の高出力化には限界がある。

2）切断幅の比較：薄板切断においては、切断幅の小さくできることは歩留りを良くし、熱影響層を小さく抑えることができる。また、加工精度を上げることができるのできわめて重要な要素である。ビームモードが切断溝幅にどのような影響を与えるかを検討するために、同一の発振器で2種類のモードを取り出し比較した。加工条件はTEM$_{00}$で板厚が1.6mmの軟鋼（SPCC）の場合に最適に加工できる条件を選択して、同一条件でモードのみを変えて実験した。

一例として、出力300Wで切断速度が2.5m/minの場合で比較した。この場合、マルチモードは、外観は"ニアガウス"に近いミックスモードである。加工幅は、全体にマルチモードの方がシングルモードに比較して40～50％増大した。**図2.23**に断面写真を示す。その他にも、直角度、平行度、面だれなど、加工精度に大きな差が見られる。

以上のように、中厚板までの切断加工ではシングルモードがあらゆる加工特

シングルモード：(TEM$_{00}$)

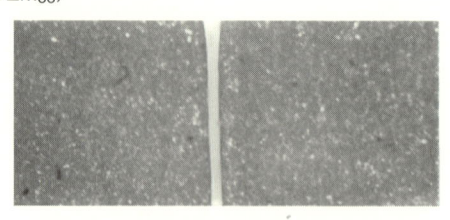

マルチモード：(TEM$_{00}$＋TEM$_{01}$＋TEM$_{10}$)

0.5mm

P＝300W、F＝2.5m/min

	面粗度(上／下)	切断幅(上／下)
シングルモード	4.70／8.03	188／95
マルチモード	9.65／11.6	253／140

[μm]

図2.23　モードによる切断特性の比較

性で優れていることが理解できる。しかし、高出力発振器による厚板切断では判断基準が変わることがある。

2.5.3　溶接とビームモード

　前述のように、溶接用の高出力レーザにおける発振器固有の典型的なビームモードには、シングルモード（低次モードを含む）、マルチモードならびにリングモードなどがあるが、溶接に対するビームモードの影響を以下に述べる。ただし、一般に溶接用には高出力を要し、切断ほどにはモードを気にしない傾向にあることは否めない。

（1）ビードオンプレート

1) ビード幅の比較：厳密には接合と意味が異なるが、溶加材を加えずに単

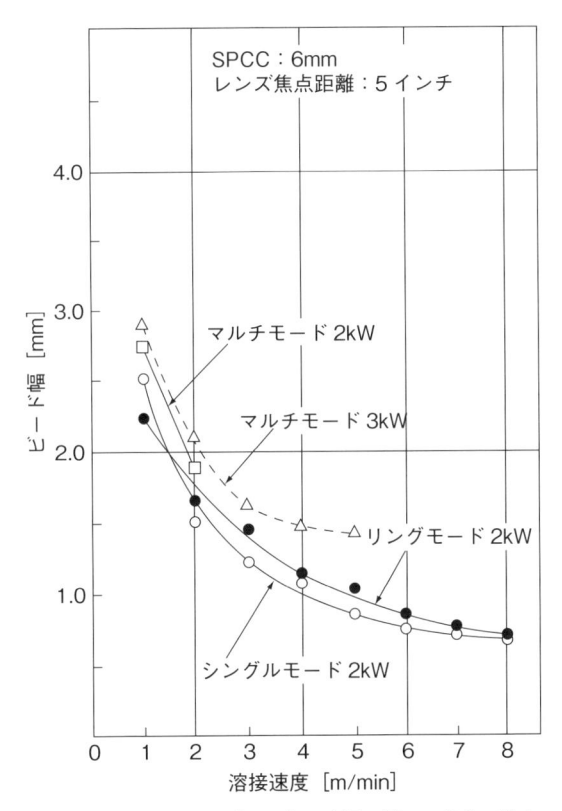

図2.24 各種ビームモードによる表面ビード幅の違い（ビードオンプレート）

に板表面に焦点を合わせてレーザビームを走行させて、ビード幅や溶込み深さを観察する方法を「ビードオンプレート（bead on plate）」と称することがある。この方法で、モードを比較した例を示す。厚板6mmの軟鋼（SPC材）を用いて各モードによる溶接のビード幅を比較する。

　レーザ出力は2kWを一定にした。マルチモードの場合、溶接速度は2m/minが限界であったので、参考のために3kW溶接ビード幅も図中に追加した（**図2.24**）。

　溶接幅については、他に比べてマルチモードがやや大きい。しかしその場合でも、値は最大で0.5mm以内であった。また、マルチモードは材料表面での初期貫通力が弱いので、速度が増すにつれて溶込みができなくなってしまい、そ

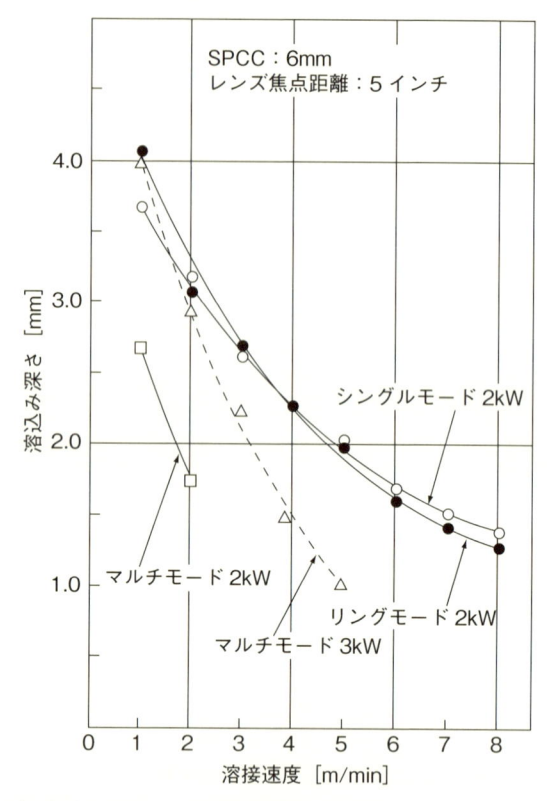

図2.25 各種ビームモードと溶込み深さの違い（ビードオンプレート）

の加工限界速度（この場合は、材料表面が溶融されて健全な溶接ビードを形成するのに必要な限界速度）は小さい。他のシングルモードやリングモードの場合には8 m/minまでが可能で、ほぼ同等の値を示した。

2）溶込み深さの比較：同様に、ビードオンプレートで得られた結果をもとに溶込み深さを比較する。**図2.25**に各モードでの溶接速度と溶込み深さの関係を示した。リングモードはレンズを通過し結像されたときは、干渉効果によって結果的に中心が高いファーフィールドのようなビームモードになることから、シングルモードと同等の溶接性が期待される。

マルチモードは表面のビード幅は広いが溶込み深さが小さく、浅目の逆三角の断面形状を呈していることがわかる。この比較においては、シングルモード

とリングモードの溶込み深さはほぼ同等な値を示した。マルチモードは集光性が悪く、モード内の強度分布が変動しやすいため、いわゆるモード管理が難しい。ここでも参考のためにマルチモードでは3kWの結果を併記した。1〜2m/minの低速側ではあまり差はないが、速度が増すにつれて他のシングルモードやリングモードほどには溶込み深さは得られない。

図2.26には出力2kW、溶接速度1m/minの場合で、各ビームモードにビームが進行する溶接方向に垂直となる面での断面写真を示す。初期ブレークの強いリングモードとシングルモードの場合にはZ方向で深い溶融部形状を呈しており、マルチモードの場合にはその深さがあまりない。このように、溶込み深さにおいても低次モードがより有利であることがわかる。

（2）重ね溶接での比較

1）ビード幅の比較：重ね溶接でのビームモードの違いを明らかにするため、板厚1mmの軟鋼（SPCC）を用いて比較実験を行った。実験は2枚の材料を重ねて拘束治具を用いて十分に固定し、焦点位置を材料表面に合わせて異なる3種類のビームモードのレーザを照射した。比較では出力2kWで溶接速度を変化させた。アシストガスはアルゴン（Ar）を同軸から噴射し、貫通溶接（裏波が出る溶接）を条件に行った。

マルチモードでは、板厚2mmを貫通することのできる最大速度（裏波発生限界速度）は2m/minであったが、同じ出力でシングルモードとリングモードは5m/minが可能で2倍以上の加工速度（加工能率）であった。

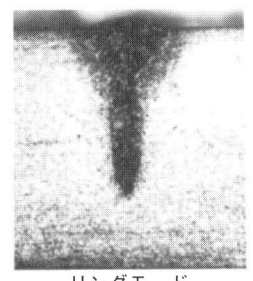

リングモード
(2kW、1m/min)

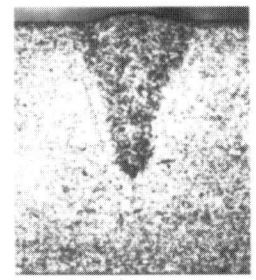

シングルモード
(2kW、1m/min)

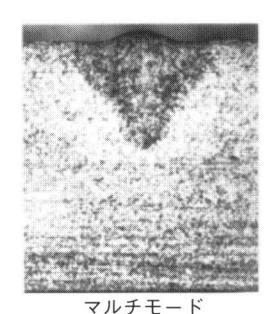

マルチモード
(2kW、1m/min)

図2.26　ビードオンプレートでの断面写真比較（spcc 6mm）

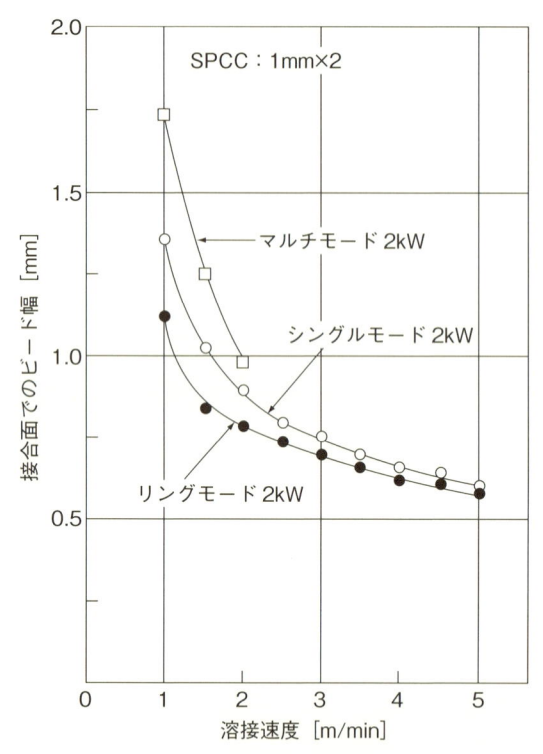

図2.27 重ね溶接における中間接合ビードの比較

　表面でのビード幅は、マルチモード、リングモード、シングルモードの順に小さい。ただし、リングモードは限界速度がほぼ4m/min短く、それ以上は不完全ビードとなる。裏面でのビード幅はほぼ同じであるが、貫通溶接での限界速度はマルチモード（2m/min）、リングモード（4m/min）、シングルモード（5m/min）の順に大きくなる。
2）中間接合幅ビードの比較：重ね溶接では、2枚の中間の接合ビード、すなわち接合界面（welding interface）の幅が重要で、溶接強度やせん断強度などはこれによって決まる。**図2.27** は、接合面でのビード幅の比較を示した。中間の接合ビードが1mm前後のビード幅を得られるのは溶接速度が2m/min以内で、リングモードはシングルモードよりこの幅は小さい。マルチモードは、低速で表面ビードが荒れてビードの両サイドにアンダーカットが生じる。それ

らの断面写真を**図2.28**に示す。

　このようにビームモードと溶接特性は大きな相関関係にある。それぞれのモードによって、低次シングルモードの場合はビード幅が狭く、かつ溶込み深さが得られることを特徴とし、マルチモードの場合にはビード幅が広く、かつ溶融される深さが浅いことを特徴としている。このことは比較的板厚があり、貫通溶接を必要とする場合には低次シングルモードは効果的であり、また、中間接合ビードが広く、溶込み深さを必要としないスポット溶接のような場合には、

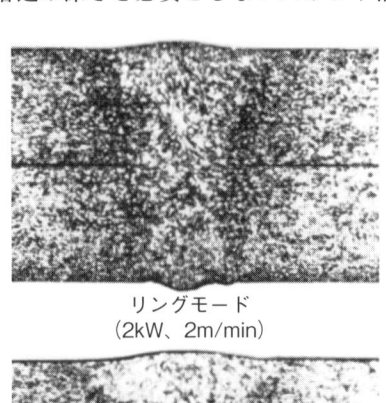

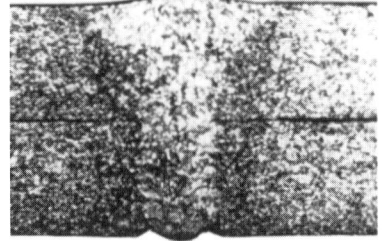

リングモード
（2kW、2m/min）

シングルモード
（2kW、2m/min）

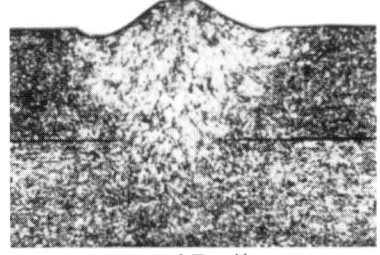

マルチモード
（2kW、2m/min）

図2.28　重ね溶接における断面写真の比較

マルチモードが有効である。最近の溶接では、後処理を極力なくすことはもちろんのこと、強度と外観が同時に重視されるようになってきた。

2.5.4 ファイバレーザとビームモード
（1）ファイバレーザ

　主に2000年代に入って加工用レーザとして登場した高出力固体レーザに、半導体レーザ、ファイバレーザ、ディスクレーザなどがあるが、これはレーザの中では比較的新しいレーザである。特にファイバレーザ（fiber laser）はその原理から高出力化が容易で、フィバーで発振・伝送を行え、フレキシビリティーがあることから急速に普及した。

　ファイバレーザで取り出されるビームモードを図2.29に示す。1～2kWはシングルモードの発振が可能で、ファイバのコア径とレーザ出力が大きくなるとマルチモードをなる。

　ファイバレーザのモード純化（シングルモード化）はファイバのコア径が細いことに起因する。また、出力はコア径が大きいほど得られるため、高出力でシングルモードが出にくいのである。図2.29の写真は1kWファイバレーザのイングルモード、2kWのマルチモード、さらに高出力の5kWマルチモードのファイバレーザの実際のモードである。数kW程度まではシングルモードが取り出されていて、それ以上の場合には順次マルチ化して高出力では完全なマルチモードとなる。ファイバは電源ユニット数の増設や、ファイバ長の拡大で

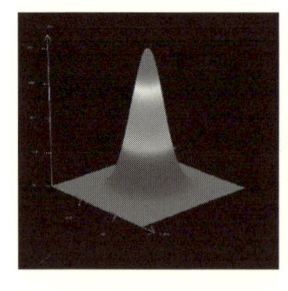

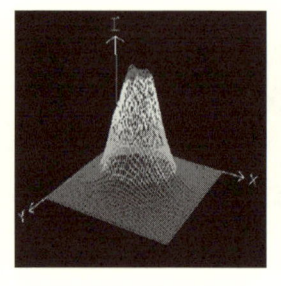

シングルモード（1kW）　　マルチモード（2kW）　　マルチモード（5kW）

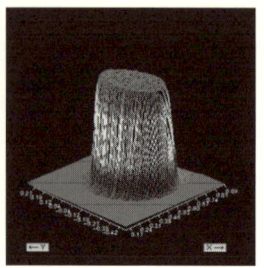

図2.29　ファイバレーザのビームモード

100kW級が産業用に用いられるようになった。ミラー伝送でないので光伝送系のフレキシビリティに優れている。

　ファイバレーザは、一般に光が非常に細いファイバを通して取り出される。その光はいったんコリメーションを経て集光光学系で集光されるが、集光後もスポット径は小さく、シングルモードレーザでは$M^2 < 1.1$と集光性に非常に優れたモードを有している。ファイバレーザの光路は伝送用ファイバを用いるなどすべて光ファイバを用いて構成されるため、ビームの空間的なゆらぎの少ないとされている。溶接ではビード幅は比較的細いが、深溶け込みの溶融形状が得られやすい。大気中での溶け込み深さでは、電子ビームに匹敵する期待がもたれている。高出力のファイバレーザの用途のほとんどは溶接加工である。レーザ溶接では、比較的薄板の場合でも溶接速度の高速化が望まれる関係で、高出力レーザを用いる傾向にある。

　このように初期のファイバレーザはほとんど溶接に用いられたが、2kWクラスでのモード純化が進み、シングルモードの高出力ファイバレーザが出現した。そのため2000年を境にレーザ切断に用いることが多くなってきた。切断ではビームの特徴から、薄板では集光性がよく、エネルギーが高くなるため高速に切断できる。また、レーザ応用では薄板切断の需要が多いこともあって、切断への適用がなされるようになった。しかし、厚板の切断は集光スポット径が小さいだけに、そのまま用いた場合は一般に苦手である。ただし、光学的な工夫をほどこせば一定の厚板切断が可能である。

（2）ビームの収束性

　ファイバレーザは、$M^2 = 1$程度にできるため、他のレーザに比べてビームパラメータ積を小さくすることが可能となる。そのため、溶け込み深さは増大し加工速度は高速化が可能である。また、ファイバレーザは出力が高いうえにビームが細く、収束するため輝度は非常に高くなる。その結果、レーザビームの収束性が高く、材料に対する貫通性も高くなる。レーザの切断においてドロスなどの問題となる余分な熱の拡散が少ないうちに切断されるため、薄くて加工の難しい合金箔でも切断が可能である。加工用伝送系にファイバを用いるディスク（disk laser）なども類似の集光性を得ることができる。

2-6 レーザの発振形態

　レーザビームの発振には連続波とパルス波がある。現在、CO_2レーザは高周波放電励起が主流となっているが、高周波は工業周波数帯である100kHz、2MHz、13.56MHzなどに利用が限られている。CO_2レーザはこの高繰返しパルス発振を基本周波数として発振しているが、この発振周波数をベースに発振時間（ON-OFF）の長さを決めている。

　これに対してYAGレーザではランプの点灯形態によるため、連続点灯（アークランプ）の場合には連続発振となり、このようなレーザを連続励起YAGレーザという。また、パルス点灯（フラッシュランプ）による場合にはパルス発振となり、このようなレーザをパルス励起YAGレーザという。

2.6.1　レーザの連続発振

（1）連続発振

　連続発振とは発振形態が連続的であることを意味するが、電気的にオン（ON）の時に発振が連続的に継続され、オフ（OFF）時に遮断される制御系において、オン時間に光（電磁波）が連続的に発振することから連続波（continuous wave）の意味でCW発振と称している。連続波発振には、ベース発振（放電）は連続的で、エネルギーを溜め込んで一挙に発振させることで擬似的なパルス発振をつくり出すものがある。

　たとえば、Qスイッチ発振によるパルスも、変調によるパルスも基本的に連続して発振しているのであるが、パルスのような擬似的な発振を行わせることができる。最近では、1秒あたりの発振繰返し数が増大して、レーザの高繰返しパルス発振ができるようになってきた。

　たとえば、半導体励起のNd^{3+}：YVO_4のレーザ発振では、AO（acoustic optics：音響光学素子）を用いたQスイッチで1～100kHzの高繰返しで発振できている。

（2）Qスイッチパルス発振

　通常のパルス（ノーマルパルス）よりパルス幅（パルス・オン時間：pulse on time）を短くし、その分ピークパワーのきわめて高いレーザを発振させる方法としてQスイッチレーザがある。レーザ共振器のQ値というのは、蓄積されたエネルギーに対する周期ごとに消費されるエネルギーの割合のことで以下の式で示される。

　　Q値＝（2π×蓄積エネルギー）／（周期ごとの消費エネルギー）　　　(2.26)

　レーザ物質がポンピングされている間、共振器の損失を大きく（Q値を小さく）してレーザは発振を抑えると、励起粒子が蓄えられた大きな反転分布が形成される。このとき、急に共振器の損失を小さく（Q値を大きく）すると、蓄えられたエネルギーは瞬時（数～100nsec）に放出される。このようにQの値をスイッチングすることにより得られることからQスイッチパルス発振といい、そのピークパワーは10^5～10^{10}Wオーダの大きい値になるので「ジャイアントパルス」とも呼ばれる。また、このようなレーザをQスイッチレーザという。Qスイッチを行う方法には、音響光学的、電気光学的Qスイッチ、あるいは回転ミラーによるQスイッチの方法などがある。

（3）パルス変調

　レーザ光の光強度、波長または位相を自由にコントロールする技術を光変調という。変調には、発振器の励起エネルギーや共振器内でのQ値を変化するなどのレーザ発振器内部で変調する内部変調と、発振器から放射されたレーザ光を外部的に変調する外部変調の2つの方法がある。たとえば、基本を連続発振において、変調機能を用いてサイン波や矩形波に変換することで、発振形態を見かけ上パルス発振または類似の発振形態をなすものをいう。現在では、任意の形状を生成できる「パルス波形制御」として一般化されつつある。これは主に、材料加工と入熱の関係から最適な波形が検討され、溶接などではレーザによる急速加熱・急冷の過程で起こる凝固割れなどの防止の目的で導入されるようになった。

2.6.2 レーザのパルス発振

(1) ノーマルパルス発振

パルス発振のための励起ランプには、キセノン（Xe）フラッシュランプがもっぱら用いられる。スポット溶接を意識したスポット的な出力形態からなる低速パルスは1～100pps以下のものを指し、高速パルスは10～数100ppsまでのものをいう場合もある。

(2) モード同期パルス発振

CO_2レーザのようなガスレーザで、たとえば単一モード（横モード）と呼ばれる場合であっても、多数の縦モードで発振している。その結果、この各モードの結合波による入り乱れた雑音の成分が発生する。これを何らかの方法でそれぞれの縦モード間隔を各スペクトルの周波数とモード間の位相差で適当に選ぶと、多モードのレーザ出力のスペクトルを同期することができる。

このように各モード間の相対的な位相関係が固定された出力は、雑音がなく、規則的な超高速パルスや、1つの周波数変調波になっている。これをモード同期パルスといい、このようなレーザをモード同期レーザという。モード同期を実現するには、共振器内に変調器を置き、縦モード間隔に等しい周波数で変調するこの外部信号で、共振器損失を変調する強制同期とレーザ媒質は、本来的に非線形性があるので、励起条件や共振器の特性を調整してやることから自発的に生じる自己同期の方法とがある。**図2.30**に典型的なパルスの発振形態を示す。

2.6.3 パルス発振と波形

レーザの発振には、オン時間（on time）からオフ時間（off time）までの間を、一定の出力を維持する連続波と間欠的に発振するパルス波があることは述べた。出力安定度は共振器を構成する光学系のリア鏡を通して、0.5％の洩れ光で出力をモニターし、パワーフィードバック制御を行っているので、短時間、長時間運転とも変動幅は±2％以内である。パルス波の場合は出力制御を行っていない場合が多いが、その場合でも、特にピーク値を高く上げたものを除けば、変動幅は±1.5～2％以内に収まっている。

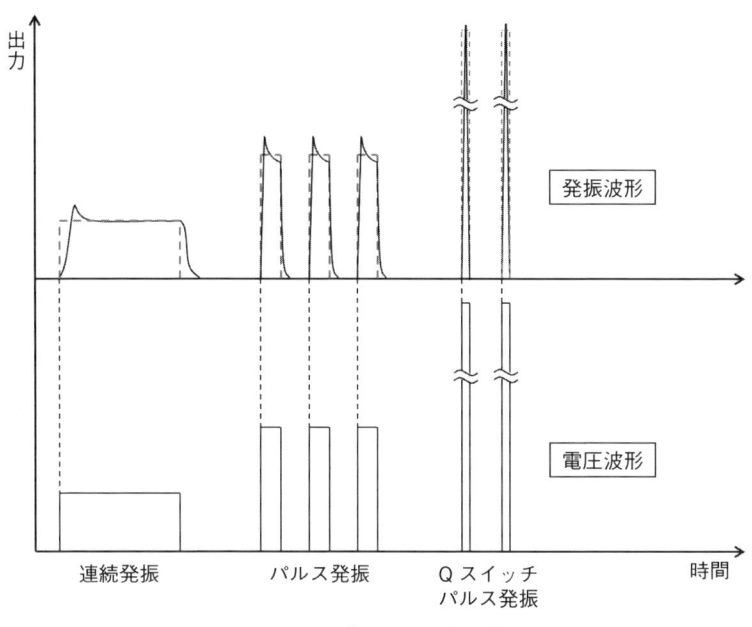

図2.30 パルスの発振形態

特にYAGレーザで用いられているパルス幅での典型的な波形とその名称を図2.31に示す。パルスのオン時間をパルス幅（pulse width）という。この周期は一定時間（1秒）に繰り返される数を、繰り返し数（pps: pulse per second）、または周波数（Hz）で表示する。パルス加工では、出力を平均出力で表示することが多く、発振器の出力の大きさを示す表示は、パルス励起YAGレーザ（通称、パルスYAG）では、この平均出力を用いるのが通例である。また、パルスのオン時間に対するパルス発振間隔（周期）の時間をデューティ（duty）比と称する。すなわち、ON時間/(ON+OFF) 時間のパーセント（％）表示である。

パルスの重なりは、加工点に作用する熱の関与時間に大きな影響を与えることから、パルス波による加工（通称、パルス加工）では個々の単パルスの重なりである重なり率、またはオーバラップ（over lapping）率が重要になる。

パルス加工を知る上での予備知識として、以下の図を基に説明を加える。簡

(a) 低繰返しの場合

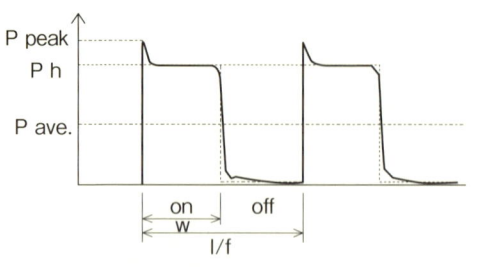

P peak：ピーク出力
P h：レーザ出力
P ave：平均出力
W：パルス幅
l/f：周期
f ：周波数

P ave.＝(Ph×w)・f

(b) 高繰返しの場合

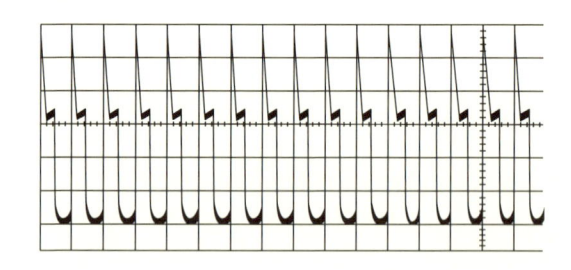

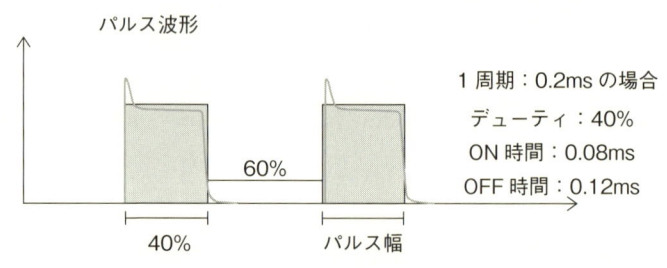

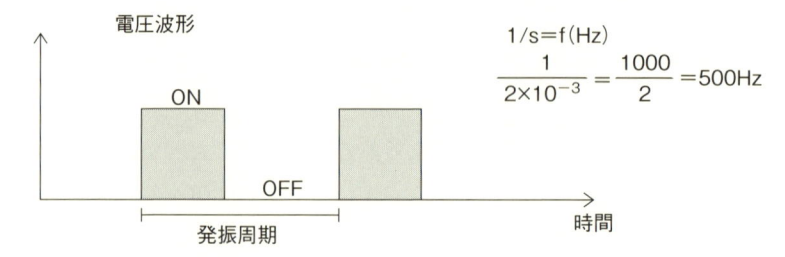

パルス波形

1 周期：0.2ms の場合
デューティ：40%
ON 時間：0.08ms
OFF 時間：0.12ms

電圧波形

$$1/s = f(Hz)$$
$$\frac{1}{2 \times 10^{-3}} = \frac{1000}{2} = 500Hz$$

図2.31　パルス発振のデューティと周波数

便のために、ワン・パルスを1ジュール（J）とし、熱源を円形と仮定した場合の、1つのスポット径内に入ってくるみかけの投入エネルギーと、重なり率の関係を**図2.32**に示す。レーザのみかけの投入エネルギーは重なり率に比例して増加する。

　実際に即して、レーザ光の集光スポット径を0.14mmと仮定した場合、周波数をパラメータにした重なり率（％）と送り速度（切断や溶接の加工速度）の関係は、重なり率は周波数に比例し、送り速度に反比例する。ここで、重なり率が0％は、網点模様などのマーキング加工に相当し、100％は穴加工に相当

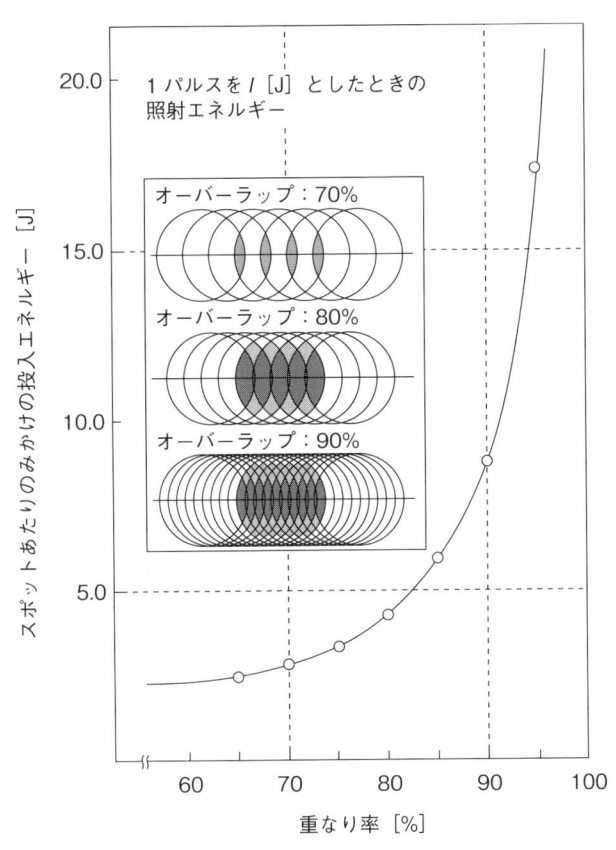

図2.32　パルスの重なり率と投入エネルギー

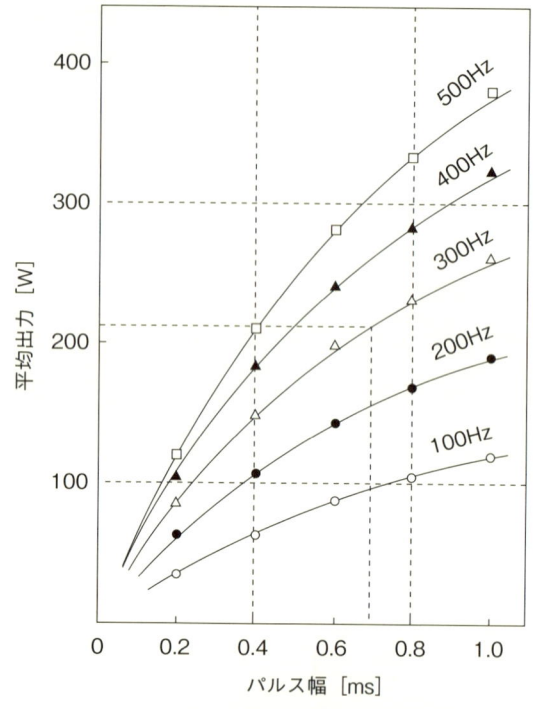

図2.33　パルス幅と平均エネルギー

することになる。

　さらに周波数を変化させた場合のパルス幅（ms）と平均出力の関係を**図2.33**に示す。また、周波数を固定した場合、投入エネルギーはパルス幅（msec）に比例し、送り速度が遅いほど大きい。周波数を変化させた場合のパルス幅と平均出力の関係を**図2.34**に示す。平均出力はパルス幅と周波数にともに比例する。なお、これらの出力特性は、発振器の出力レベル、メーカやそのモデルによっても数値は多少異なるが、特性は同様の傾向をもつ。

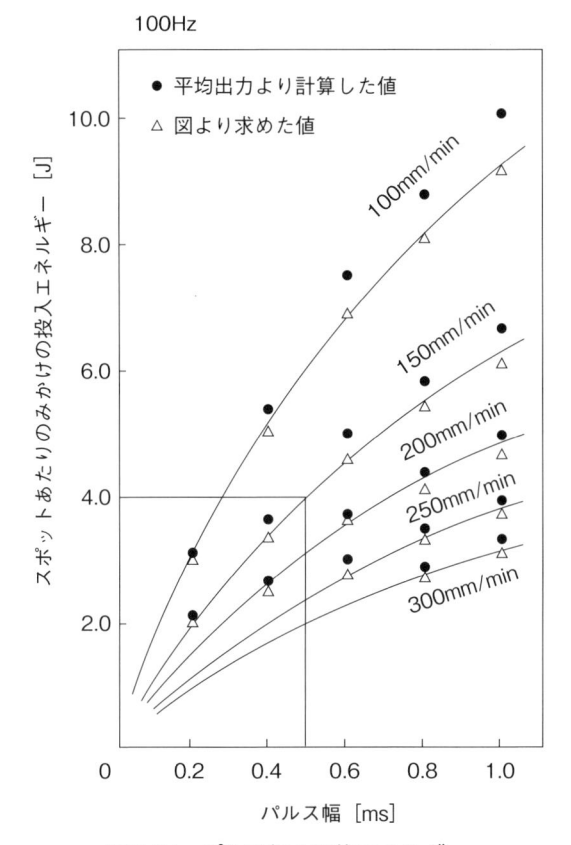

図2.34 パルス幅と平均エネルギー

2-7 ビームの集光

レーザビームの伝搬を扱う理論においてはレンズの厚み、収差の影響、およびレンズ内の屈折を無視して扱うことが多い。伝搬ビーム全体の傾向をみる場合にはそれで十分説明し得るが、集光特性を考える場合には、本来詳細な光学的因子を考慮する必要がある。ここでは実際の単レンズのよるレーザビームの集光性について、屈折率や収差を考慮し、同時に回折の影響を含めて検討する。

2.7.1 レンズの収差

加工用レーザにおけるレンズ集光によるビーム強度は、レンズによる収差があるため焦点の内側と外側とでは非対称となり、ビームエネルギーがもっとも高くなるのはいわゆる焦点位置（公称焦点距離）よりやや内側になる。レーザビームの集光性を上げることは焦点距離の短い、短焦点レンズを用いてある程度実現することができる。しかし、短焦点レンズの場合には球面収差の増大をもたらし、かえって集光性は悪化する。また、短焦点レンズはワークディスタンスが短いために発生蒸気やスパッタの影響を直接受けやすく、レンズの維持管理の上からも問題が生じる。

屈折率 n の薄肉レンズの球面収差係数は半径 r_1 として、一般に以下の式で表される。ここで簡単のために、球面収差を一次収差のみ（$\Delta s' = A_1 h^2 + A_2 h^4 + \cdots$ のうちのの項のみ）とすると、収差係数 A は以下の式で与えられる[1]。

$$A = -\left(\frac{n}{n-1}\right)^2 \frac{1}{2f} + \frac{2n-1}{2(n-1)} \cdot \frac{1}{r_1} - \frac{n+2}{2n} \cdot \frac{f}{r_1^2} \tag{2.27}$$

ここで、f はレンズの焦点距離とする。

最小となる球面収差は $\partial A / \partial r_1 = 0$ の時に得られることから、式(2.27)から、最小となる収差係数 A_{min} は、

$$A_{min} = \left| -\frac{n(4n-1)}{8(n-1)^2(n+2)f} \right| \tag{2.28}$$

レンズに入る入射ビームの半径をbとし、直径をDとすると、収差のある光学系を用いた集光において、スポット径がもっとも小さくなる最小錯乱円の直径d_aは

$$d_a = \frac{1}{2}\left(\frac{A_{min}b^3}{f}\right) = K\frac{D}{f^2} \qquad (2.29)$$

上記の式で，fを除いた屈折率nの部分を係数Kで示した。式（3.12）は収差によるスポット径の広がりである。なお、収差は基本的に平面波などの光線追跡の計算により求められるものである。したがって、その扱いは幾何光学的である。

2.7.2 回折限界

一方、光の集光にはレンズの回折像が影響する。ここで、平面波（マルチモードに相当）で強度が均一（一様分布）のビームの場合、半径がb、直径がDであるビームを集光した場合のスポット径d_0は、エイリーの公式により次式で与えられる。

$$D = 1.22\frac{\lambda}{b} = 2.44\frac{\lambda f}{D} \qquad (2.30)$$

これに対して、ガウス分布のビーム（ガウスビーム）の場合には次のようになる。

$$d_0 = \frac{4}{\pi}\cdot\frac{\lambda f}{D} = 1.27\frac{\lambda f}{D} \qquad (3.31)$$

これによりレーザ光がガウスビームの場合の回折限界による集光径が求められる。ただし、理想的な光学系があるにしても最小スポットには限界があり、ここで求めた径以下にはならない。

実際のビームは高次成分を含んでおり、その回折においてはビーム品質による定数（モード係数）C_mを乗じることによって表現することができる。したがって、一般の回折による集光径は次式で示される。

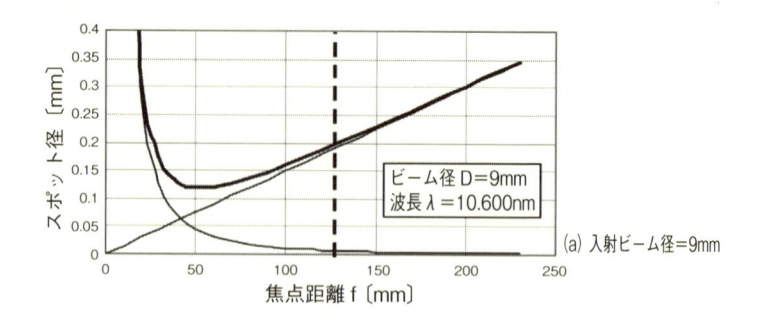

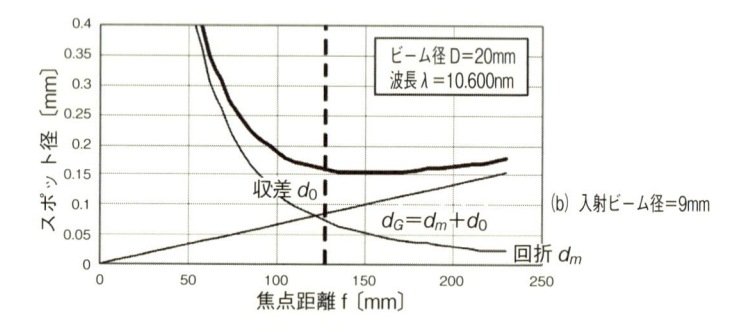

図2.35 スポット径の計算例

$$d_m = C_m d_0 = 1.27 C_m \frac{\lambda f}{D} \tag{3.32}$$

ここで、モード係数は$C_m \geq 1$であり，この$C_m=1$は、特別な場合で思想的なガウス分布を示す。

2.7.3 レンズによる集光

実用的にはレーザの集光系には単レンズが用いられている。標準状態で焦点距離をもったレンズで集光する場合には、一般に回折によるスポット径（d_m）の広がりと、収差によるスポット径（d_a）の広がり（または、ボケ）の和として表される。

$$d_G = d_m + d_a = 1.27 C_m \frac{\lambda f}{D} + K \frac{D^3}{f^2} \tag{2.33}$$

ここで求めたビーム径は，両者の物理的な意味の異なるものであるから，単純に加えることは理論的に厳密には正確ではないが、一般に集光スポット径を把握する方法として用いることができる[3]。**図2.35**に計算例を示す。

ただし、この解はすべての場合に当てはまるとは限らない。一般に、焦点から内側（レンズ側）にいくほど収差の影響が大きく表れ、反対に焦点から遠ざかると回折の影響を強く受けることが光学的によく知られている事実である。したがって、元のビーム径が小さい場合と、レンズの焦点距離が長い場合には、収差影響が少ないことから、このような場合は収差による項を無視できることもある。たとえば、元ビームが非常に小さく、レンズが比較的長焦点のものを用いるファイバレーザ集光系などの場合はこれに属する。ビームの集光はエネルギー密度に影響する。溶接で用いられる典型的な集光径でCO_2レーザとファイバレーザを比較した集光エネルギーの計算例を**図3.36**に示す。出力は2kWで集光したスポット径は、CO_2レーザの場合は$\phi 0.6$mmで、ファイバレーザの場合は$\phi 0.25$mmである。同じ出力であるが、ピークとなるエネルギー密度はCO_2レーザの場合で3.8×10^{10}W/cm^{2}で、ファイバレーザの場合で1.6×10^{11}W/cm^{2}となり、ファイバレーザがピークのエネルギー密度で4倍以上高い値を示した。

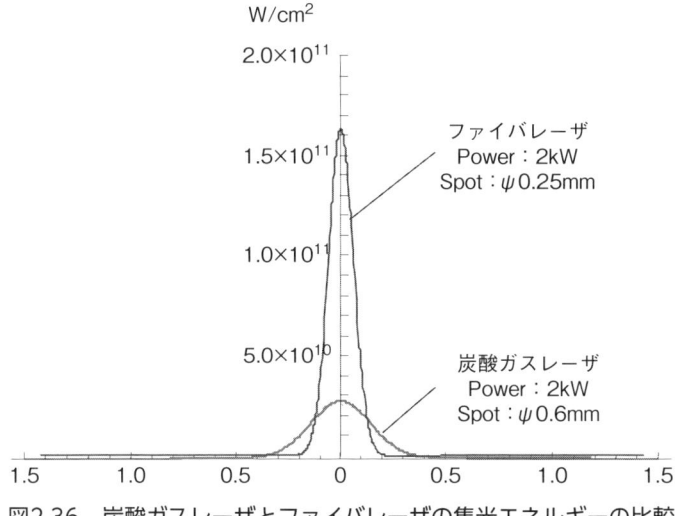

図2.36　炭酸ガスレーザとファイバレーザの集光エネルギーの比較

2.7.4 ビームの収束性

レンズで集光する場合、入射ビーム径、集光角度、焦点深度が重要となる。焦点深度はレンズの焦点距離に関係する値でもあるが、同じスポット径を得られる場合でも、光の入射角度が加工特性には大きな影響を与える。このような光の集光の状態（収束性）を表すものに、ビームパラメータ積および光の輝度がある。これらによって、ビーム品質を定量化することができる。

（1）ビームパラメータ積

レーザビームの広がりおよび収束において、ガウスビームのレンズ伝播に対する保存量を定義したもので、ビームパラメータ積（BPP：beam parameter product）という値がある。仮に、スポット径が同じでも集光する角度（収束性）が異なり、これらは加工特性に大きな影響を与える。光の伝播はビームウエストの半径とビームの発散角の半値全幅で表される。図2.37にビームパラメータ積の概念図を示す。同じように、集光レンズで収束させた場合には、ス

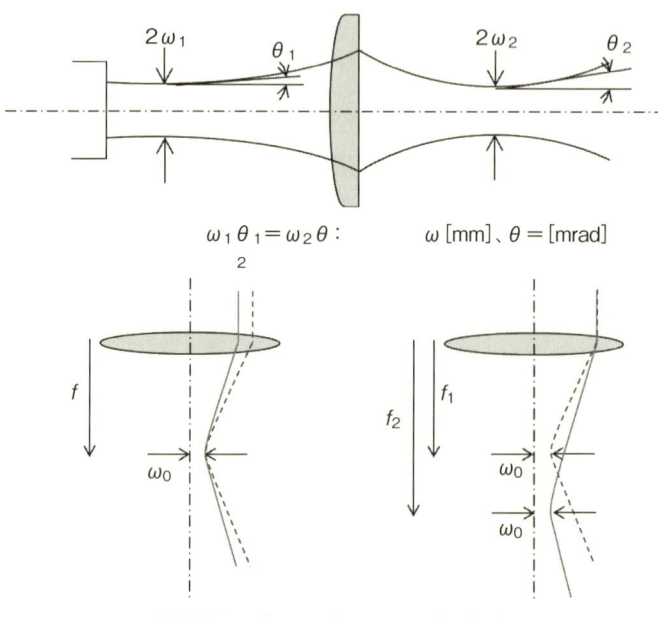

$\omega_1 \theta_1 = \omega_2 \theta_2$

ω [mm]、θ = [mrad]

図2.37　ビームパラメータ積の概念

ポット径とレンズ集光点以降の広がり角との間には、$\omega_1\theta_1=\omega_2\theta_2=const$ の関係があることに基づくもので、それらの関係を次式に示す。

$$\text{BPP [mm・mrad]} = \omega_0 \times \theta = M^2 \times \frac{\lambda}{\pi} \tag{2.34}$$

ここで、M^2はビームの品質を表す量である。スポット径を小さくして、BPPの値を小さくとった場合の方が、溶け込み深さは増大し、加工速度は速くなることが知られている。

（2）レーザの輝度

レーザの輝度（Brightness）とは、出力をレーザの収束性で割ったものであり、収束性が良いほど高い値となる。ここで、収束性Ωとはスポット面積$\pi\omega_0^2$にビームの立体角 $\pi\theta^2$ を掛けて定義される。したがって、出力が高くビームが細く収束した方が輝度は高い。その関係は式（2.2）で表される。

$$\text{B [kW/mm}^2\text{・sr]} = \frac{P}{\Omega} = \frac{P}{\pi\omega_0^2 \times \pi\theta^2} = \frac{P}{\pi^2\omega_0\left(\frac{\lambda}{\pi\omega_0}\right)^2} \tag{2.35}$$

概念的には両方ともに、パワー密度（エネルギー密度）やビームの収束性を問題にしている点で類似している。加工では単にパワー密度だけを論じないことは必要である。特に、溶接加工においてBPPとの関係は重要で、スポット径を小さくしてBPPの値を小さくとった場合の方が、溶込み深さは増大し、加工速度は速くなる。レーザの輝度の概要を図2.38に示す。

2-8 加工を支配する要素

2.8.1 レーザ加工の4要素

レーザを材料に照射することで光と材料の間の相互作用として種々の物理的・化学的な変化が材料上で誘発される。レーザ加工はそれらの現象、材料の変態、溶融、分離、接合、表面剥離、蒸発などを利用して加工処理を行うものである。

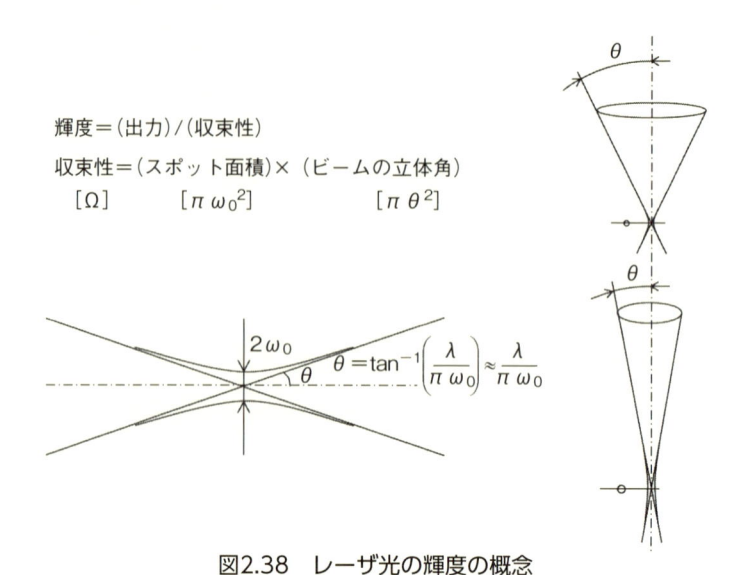

輝度＝(出力)/(収束性)
収束性＝(スポット面積)×(ビームの立体角)
　[Ω]　　　[$\pi \omega_0^2$]　　　　　[$\pi \theta^2$]

$2\omega_0$　　$\theta = \tan^{-1}\left(\dfrac{\lambda}{\pi \omega_0}\right) \approx \dfrac{\lambda}{\pi \omega_0}$

図2.38　レーザ光の輝度の概念

レーザ加工は主な要素が4つある。1つ目はレーザのもつ波長である。レーザ加工での波長は光子エネルギーであるが、電磁波のもつ波長領域を示すもので、波長の種類によって材料の光吸収や反応が異なってくる。

2つ目はレーザのもつエネルギー密度またはパワー密度である。一定面積内にどれだけのエネルギーが投入されたかを示すもので、このエネルギー強度によって材料の加工状態、すなわち反応の程度が異なる。

3つ目は作用時間である。レーザが材料にどれだけの時間関与したかによってやはり材料の反応や作用が異なる。

4つ目は材料独自の性質の材料物性である。材料は独自の原子・分子の結合状態や熱的な特性を有している。そのため熱加工の場合には、材料特有の吸収率や熱定数（比熱、熱伝導率、熱拡散率）によって生起される反応や加工特性が異なる。また材料の表面粗さや表面の前処理などの表面性状はこれに含まれる。その関係を**図2.39**に示す。

他にも加工雰囲気なども重要な要素ではあるが、これは人為的に整えられる2次的な条件なので除外し、本質的な要因に限定する。なお、特にパルス発振においてのパワー密度（W/cm^2）については、パワー密度にパルス幅（発振

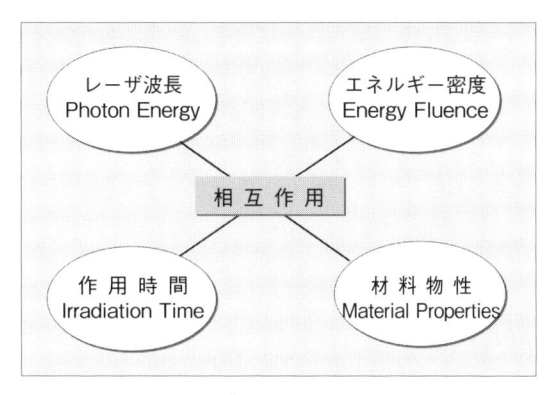

図2.39　レーザー加工における基本要素

持続時間）を乗じてエネルギー密度（J/cm^2）として、これをフルーエンス（fluence）と称する場合がある。レーザ加工にはこれら4つの主要な因子があり、これを「レーザプロセスの基本要素」という。

2.8.2　加工パラメータ

　高出力レーザによる熱加工は、レーザエネルギー（出力、パワー密度）と関与時間（照射時間、送り速度）に支配される。しかし、意図する良好な加工は光を集光するだけではできない。その理由は、レーザ加工はシステム全体に絡む多くの加工パラメータをもつためである。そのためには加工システムの関係を知る必要がある。大きくは機械側の要因と光学系の要因、および材料側の要因である（**図2.40**参照）。

①機械側の要因
　　発振器：出力レベル、発振形態（CW、Pulse）ビームモード、
　　加工機：加工駆動系、ガス系、加工ステーション形式
②光学系の要因
　　伝送系パラメータ
　　集光径パラメータ

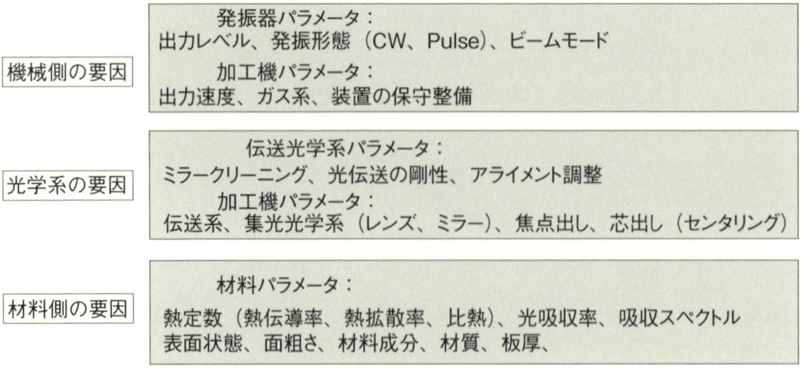

```
┌─────────────┐  ┌──────────────────────────────────────────────┐
│ 機械側の要因 │──│ 発振器パラメータ：                             │
│             │  │ 出力レベル、発振形態（CW、Pulse）、ビームモード │
│             │  │ 加工機パラメータ：                             │
│             │  │ 出力速度、ガス系、装置の保守整備                │
└─────────────┘  └──────────────────────────────────────────────┘

┌─────────────┐  ┌──────────────────────────────────────────────────────┐
│ 光学系の要因 │──│ 伝送光学系パラメータ：                                 │
│             │  │ ミラークリーニング、光伝送の剛性、アライメント調整       │
│             │  │ 加工機パラメータ：                                     │
│             │  │ 伝送系、集光光学系（レンズ、ミラー）、焦点出し、芯出し（センタリング）│
└─────────────┘  └──────────────────────────────────────────────────────┘

┌─────────────┐  ┌──────────────────────────────────────────────┐
│ 材料側の要因 │──│ 材料パラメータ：                               │
│             │  │ 熱定数（熱伝導率、熱拡散率、比熱）、光吸収率、吸収スペクトル│
│             │  │ 表面状態、面粗さ、材料成分、材質、板厚、         │
└─────────────┘  └──────────────────────────────────────────────┘
```

図2.40　加工システムの関係

③材料側の要因

　　材料物性：熱定数（熱伝導率、熱拡散率、比熱）、光吸収率、吸収スペクトル

　　表面性状：表面粗さ、材料前加工、酸化膜

④加工材条件

　　　：板厚、材質、材料成分

　加工機はレーザ発振器（光発生装置）と加工機械（機械駆動系）と、その間の伝送技術や集光技術によって、最終的に材料上で光と材料の相互作用がなされる。これらの相関関係が加工性能に表れるのがレーザ加工でもある。加工に関連したパラメータをすべて示すと**図2.41**のようになる。

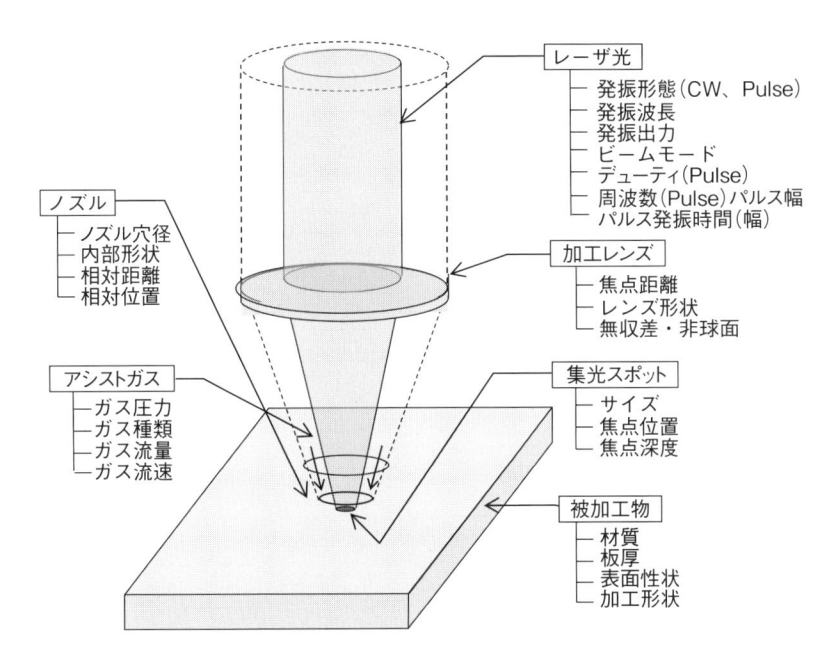

図2.41　加工パラメータ

【第2章　参考文献】
1) 吉原邦夫「物理光学」共立出版、p235（1974.10）
2) S.S.Charschan「Laser Industry」Van Nostrand Rein-hold Co.、(1972) pp105-108
3) 新井武二「高出力レーザプロセス技術」マシニスト出版、p97（2004.6）
4) 宮本　勇　㈱アマダ・大阪大学共同研究成果報告書（1993-1998）、新井武二「レーザ加工の基礎工学」(改訂版) 丸善出版、pp145-150（2013.12）
5) 新井武二、堀井英朗、井原透「レーザによる加工シミュレーション」(第1報　除去加工における加工現象の解明)、2001年精密工学会春季大会学術講演会論文集（2001.3）、103. Espinal, D. and Kar, A.: Thermochemical modeling of oxygen-assisted laser cutting, J. Laser Appl., 12-1 (2002.2), 16-22.
6) 新井武二「高出力レーザプロセス技術」マシニスト出版、p88（2004.6）

第3章

レーザと加工機

切断加工と溶接加工に用いられる代表的なレーザ発振器と加工機について述べる。極薄板や微細な切断・溶接加工では高調波レーザを用いることがあるが、その範囲が広がり過ぎるので、ここでは一般的な機械工業を想定した高出力レーザのみを扱うことにする。なお、本書は実用書であることからレーザ発振器・加工機についてはメーカ名を明記する。

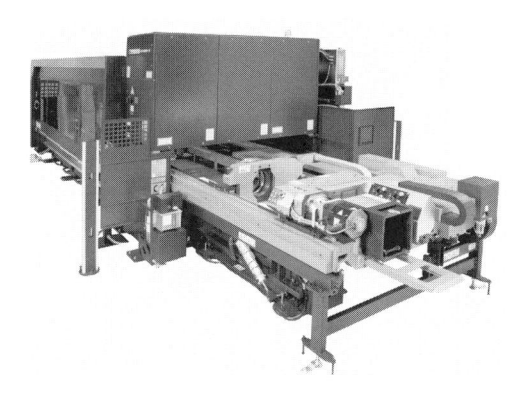

付加軸搭載のCO_2レーザ加工機（2～4kW）

3-① CO₂レーザ

3.1.1 CO₂レーザ

　CO₂レーザは産業用レーザとしての歴史は古く、1964年アメリカのベル（Bell）研究所（B.T.L）のC.K.N. Patelらにより、炭酸ガス分子の回転運動エネルギー準位間の遷移を利用して、5mのレーザ管で連続出力1mW（波長10.6μm）の発振に成功した[1]。その後、1980年を境に国産のCO₂レーザ加工機が出現した。発振に成功してから約半世紀を経たが、その間の研究開発で発振器は長足の進歩をとげ、現在では数十kWの大出力の発振装置も産業用に用いられるにいたっている。

3.1.2 CO₂レーザと発振

　DC放電は市販の産業用レーザ装置が登場した初期（1975～1985）の頃に多用された方式で、1個または多数のバラスト抵抗に直列に接続された電極ピンと金属電極間を、レーザ媒質の炭酸ガスがガス流として通過する際に、グロー放電で励起させてレーザ光を取り出す方法である。ピン電極による放電はアーク放電を伴いやすく、電極の消耗や劣化が早く、高出力や繰り返しの速いパルスが得られないことから、現在では低出力レーザに限って用いられている。

　高出力レーザでは、高周波放電を採用するメーカが増えてきた。それは、比較的高い周波数域（数MHz～数十MHz）の高周波を利用したもので、HF（High Frequency）放電、またはRF（Radio Frequency：ラジオ周波数）放電と呼ばれている。高周波放電は電子捕捉と呼ばれる現象によって電子の微小距離内の振動によって次々に伝達されるため、電極へのガスイオンの衝突がほとんどなく、そのため電極の消耗がきわめて少ないとされている。また、軸流型の場合には、レーザ発振管（放電管）の外部から高周波放電させる構造を採用しているため、従来のDC放電に比較して不純物の生成がないため、結果的にミラーの寿命や安定放電に有利とされている。

　気体レーザではレーザ光を取り出すためのレーザ作用（遷移）を効率よく、かつ容易に行うために、1種類のガスではなく、混合ガスを用いることが多い。

CO₂レーザの場合では[2]、CO₂の他にN₂（窒素：nitrogen）、He（ヘリウム：helium）などの混合ガスを用いている。レーザ発振を行わせるために必要な励起分子数の反転分布はCO₂中の放電による電子励起によっても起こるが、混合ガスとして用いるN₂が電子衝突を受けて励起される。これがCO₂との間に振動エネルギーの交換を行う。

N₂分子は対称で、他の分子または放電管壁との衝突によってのみ遷移し、準位の寿命は数msと長い。N₂の励起状態でCO₂との励起状態より少し低い（18cm⁻¹）だけなので、共振的に効率よくエネルギー変換（遷移移乗）が行われる。さらにHeを加えると、Heの冷却効果によりガス温度の上昇が抑制され、電子エネルギーを制御し、上のレーザ準位が励起されやすく、基底状態に戻ることが容易になる。レーザ発振は上の準位（001）から下の準位（100）に推移するときに、10.4μm帯と9.4μm帯の発振線があるが、10.4μm帯では、PブランチのP（20）=10.6μmまた、9.4μm帯ではP（20）=9.6μmの発振が起こる。9μm帯に対して10μm帯の方が約10倍以上の大きな放射効率をもっている。9.6μmの発振は弱いので、競合効果で10.6μmだけが取り出される。**図3.1**にCO₂レーザのエネルギー準位を示す。

注入電力に対するレーザの発振（光変換）の割合を示す発振効率（電気－光

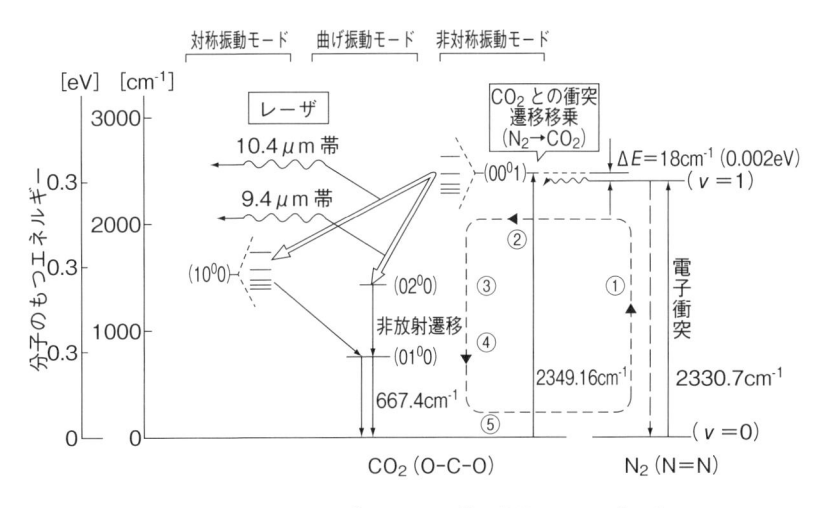

図3.1　CO₂ レーザのエネルギー準位とレーザ遷移

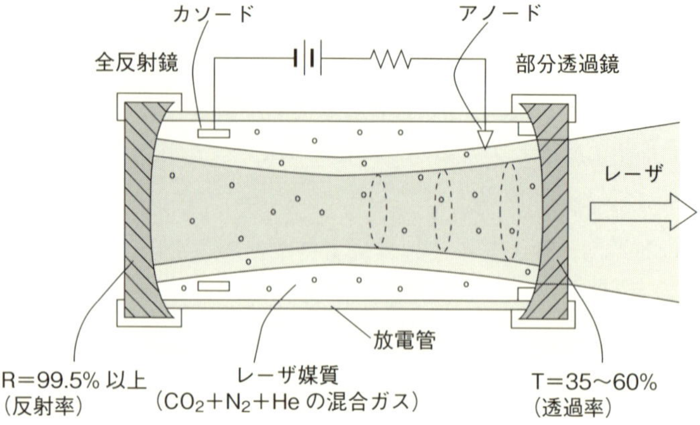

図3.2　CO₂レーザ発振器の基本構造

変換効率）は10〜12％程度で、高速軸流レーザの場合でも15％未満であるが、比較的高効率を維持している。CO₂レーザは大出力の連続発振が可能である。また、大気において吸収損失の少ない10μm帯の赤外光であるため、材料物質の波長吸収は金属、非金属を問わず効率よく加工が可能である。現在CO₂レーザは出力50kWまで得られている。

図3.2にはCO₂レーザ発振器の基本的な構造を示す。発振器は全反射鏡と部分反射鏡（部分透過鏡）の2枚の鏡で構成されている。内部で発生した光は鏡の間を往復する過程で増幅して、一定量に達した以降は、部分透過鏡を通して外部に放出される構造になっている。

なお、類似するレーザにTEA（Transversely Excited Atmospheric）CO₂レーザがある。これは、封入ガス圧が大気圧に近く、パルス励起によりピーク出力がMW級の大先頭出力でパルス幅が15msの発振が可能である。

3.1.3　CO₂レーザ加工機

レーザ加工機は板金などシート材を加工する平面加工機と、立体物を加工する3次元加工機とがある。また、付加軸を追加したものもある。実際に市場で広く用いられている代表的なレーザ加工機の写真を**図3.3-1〜図3.3-3**に示す。これらは2次元加工機で、主にシート材（板金）平面ロール材、低傾斜面のシ

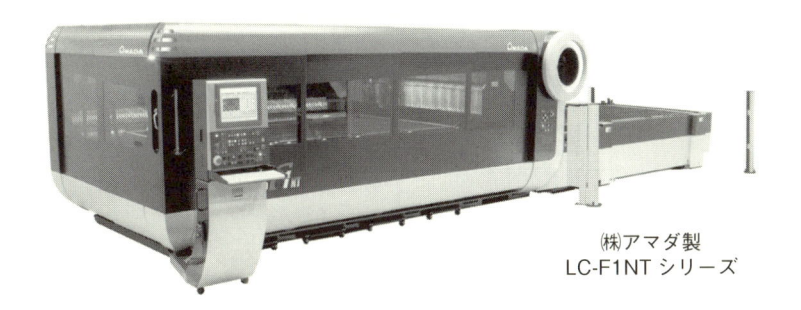

㈱アマダ製
LC-F1NT シリーズ

三菱電機製㈱
NX シリーズ

図3.3-1　CO_2レーザ加工機　（4～6kW）

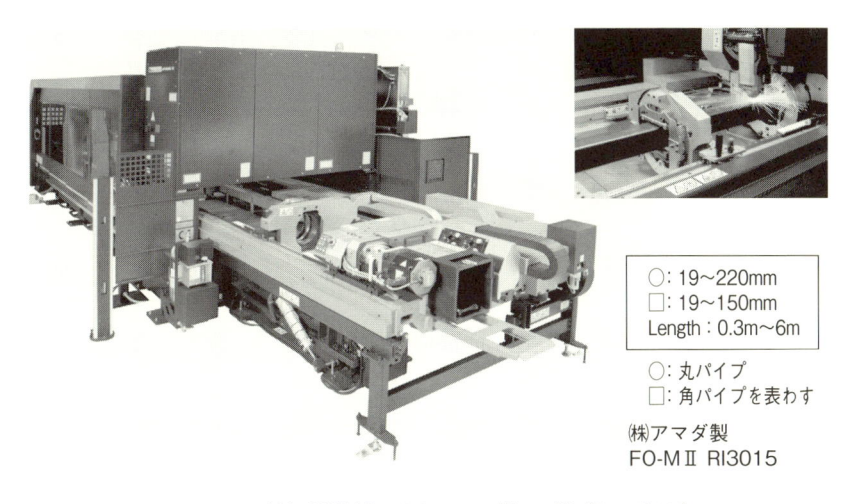

○：19～220mm
□：19～150mm
Length：0.3m～6m

○：丸パイプ
□：角パイプを表わす

㈱アマダ製
FO-MⅡ RI3015

図3.3-2　付加軸搭載のCO_2レーザ加工機（2～4kW）

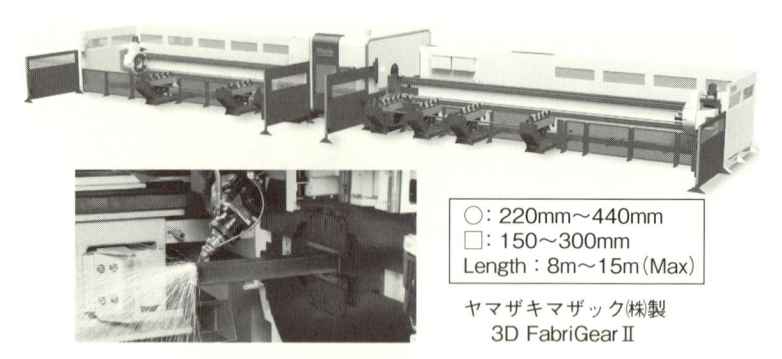

○：220mm〜440mm
□：150〜300mm
Length：8m〜15m（Max）

ヤマザキマザック㈱製
3D FabriGearⅡ

図3.3-3　付加軸登載の長尺材用CO_2レーザ加工機（2.5〜4kW）

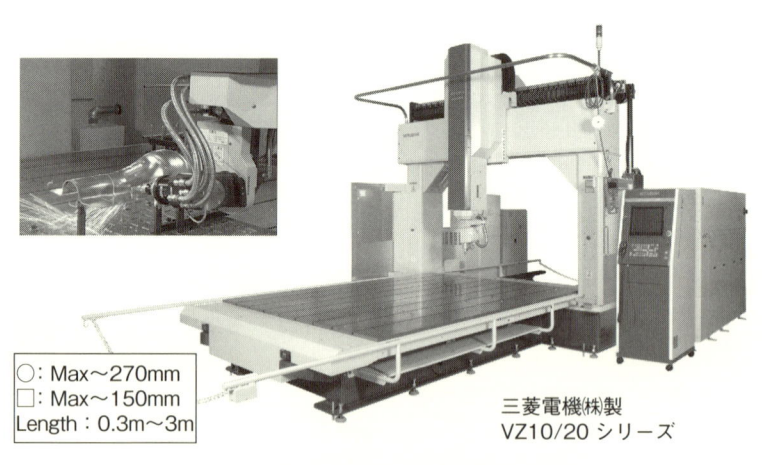

○：Max〜270mm
□：Max〜150mm
Length：0.3m〜3m

三菱電機㈱製
VZ10/20 シリーズ

図3.4　3次元CO_2レーザ加工機（2〜4kW）

ート材が加工の対象となる。また、**図3.4**に示したのは3次元加工機で、主にケースなどの箱物、立体構造物、円管、曲面加工などが対象となる。

3-2 YAGレーザ

3.2.1 YAGレーザ

　YAGレーザは、1964年アメリカのBell研究所のJ.E.Geusicらによって発明されたもので、Nd^{3+}（ネオジウムイオン）を活性イオンとして含むYAG結晶（Yttrium Aluminium Garnet：$Y_3Al_5O_{12}$）が光で励起されることによってNdイオンから取り出される波長1,064 nmの近赤外光を発振する固体レーザである。YAG結晶は原料をイリジウム製のルツボに入れて溶かし、種結晶を回転しながら毎時0.5～0.6mmという非常にゆっくりした速度で引き上げる「チョコラルスキー法」でつくられる。YAGは立方晶の結晶構造をもち、融点は1950℃で、硬さがモース硬度8～8.5と高く、屈折率もn=1.8と高い。YAGの結晶を成長させてつくった棒状のものを「YAGロッド」という。結晶は無色透明であるが、これにネオジウムイオンを少量（重量比で、約0.75％）ドープしたものをレーザ媒質として用いている。ドープしたYAG結晶は薄紫色をしている。

3.2.2 YAGレーザと発振

　YAGレーザの高出力化は、複数のYAG結晶のロッドを連結することで得られる。産業用の市販のレーザでは、1ロッドあたり600W程度が得られるようになり、この1ロッドずつを単位としたポンピングモジュールを連結することで、光学的に直列に結合することができる。これによって4kWから6kW程度までの高出力化を実現している。

　また、YAGレーザにはランプ励起とLD（laser diode）励起がある。ランプ励起の場合、連続発振にはKr（クリプトン）アークランプが用いられ、パルス発振は、励起ランプには断続的に発光するXe（キセノン）フラッシュランプなどが用いられる。LD励起レーザではレーザ結晶の吸収波長に合ったLDが選ばれるが、たとえばYAG結晶の場合には、Nd^{3+}のとき810nmを、YLF（yttrium lithium fluoride）結晶の場合には、Nd^{3+}のとき798nmなどの半導体が選ばれる。

　しかし、発振効率はたかだか2～3％であるので、必然的に冷却装置は大き

なものになる。YAGレーザは、ファイバ伝送が可能である。YAGレーザは急速にLDによる励起化が進み、4～5kWのLD励起YAGレーザが開発されて励起方法やレーザ媒質の多様化、ビーム品質の向上が図られてきた。電気から光への変換効率（総合効率）は12～15％であったが、その後に向上して、光源効率は40～60％、総合効率は14～30％まで達成している。ただし、ファイバレーザの急速な普及でシェアに変動が起きている。

3.2.3 基本構造としくみ

YAGレーザは、Nd^{3+}（ネオジムイオン）などを活性イオンとして、そのエネルギー準位を利用してレーザ作用を行わせるものである。共振器の基本構成は、**図3.5**に示すように、YAGロッド、励起用ランプ、全反射鏡と出力鏡（部分透過鏡）の一対の光学系、励起光を効率よくYAGロッドに集光するための集光器の反射鏡およびランプ励起用の電源で構成されている。最近ではこの励起ランプに代わってLD（レーザダイオード）励起を行うようになってきたが、安定性と実績の点からランプ励起も多用されている。また、YAGロッドは通常では丸棒状のロッドであるが、板状のロッドも出現した。これがスラブ型YAGレーザの結晶である。

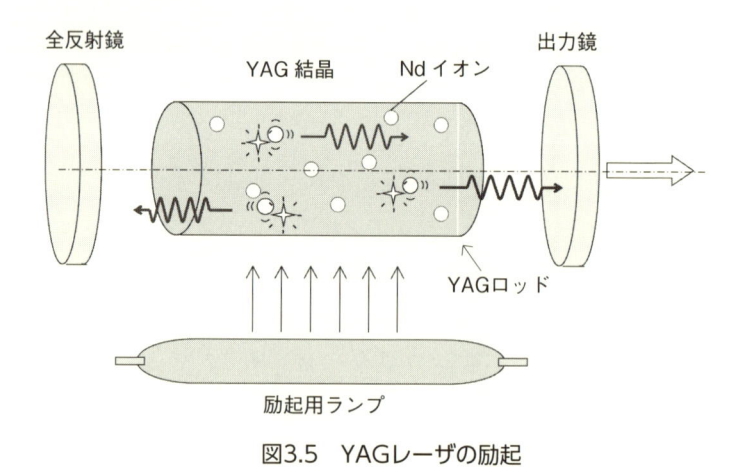

図3.5　YAGレーザの励起

（1） 発振の原理

　YAGレーザは光励起によって発振する。YAGロッドの励起光に対する吸収帯は0.6μmの可視域と、とりわけ0.75μm、0.81μm付近の近赤外域帯で強いピークを示す。YAGロッドの励起用光源には、キセノンフラッシュランプやクリプトンアークランプなどがあり、このうち、クリプトンアークランプが比較的長寿命で高輝度発光が可能であることからよく用いられている。ランプの点灯の形態によって、パルス点灯の場合にはパルス励起レーザ、連続点灯の場合にはCW励起レーザに区分することができる。

　もっとも基本的なYAGレーザは、励起ランプとYAGロッドが平行に置かれ、断面が楕円形の筒状の集光器内の2つの焦点位置にくるようにそれぞれ設置されている。また、集光器の内面は高反射コーティングされていて、励起用ランプより発光された励起光は楕円の一方の焦点位置にあるため、他方の焦点位置にあるYAGロッドに集中照射されるしくみになっている。1つ焦点を共有する方式の楕円筒形YAG共振器では、光が集光してランプに照射されるとYAGロッドは励起され、鏡面研磨された両端面の方向に光が取り出される。

　この原理を**図3.6**に示す。集光器には、①球面形集光方式、②楕円筒形集光方式、③円筒形集光方式、④二重楕円筒形集光方式、⑤回転楕円体形集光方式など、いくつかの種類があり、それぞれ集光効率を上げるために考案された方式である。YAGレーザの共振器は発振形態による分類法もある。図3.6は楕円筒形集光方式である。

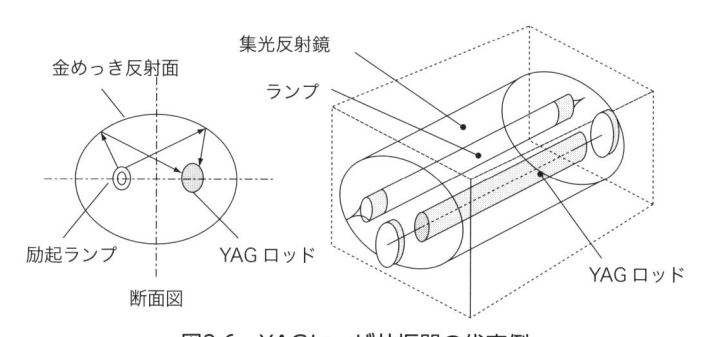

図3.6　YAGレーザ共振器の代表例

（2）発振のしくみ[3]

Nd^{3+}イオンは4準位レーザ動作を行うため、YAGレーザは基本的に4準位レーザに属する。励起光を吸収して、基底状態から20,000cm^{-1}前後の上方にある強い吸収帯$[E_3]$に励起されると、光を放出しないで急速に$^4F_{3/2}$準位$[E_2]$に落ちてくる。この間の滞留時間は約0.23msと比較的長く、これに対してレーザ遷移の下のレベルである$^4I_{11/2}$準位$[E_1]$は、基底状態$^4I_{9/2}$準位$[E_0]$から約2,000cm^{-1}の高さにあり、室温状態では下の準位で励起されることはほとんどなく、空の状態となるので、上の準位の原子数と下の準位の原子数の熱平衡状態が逆転し、

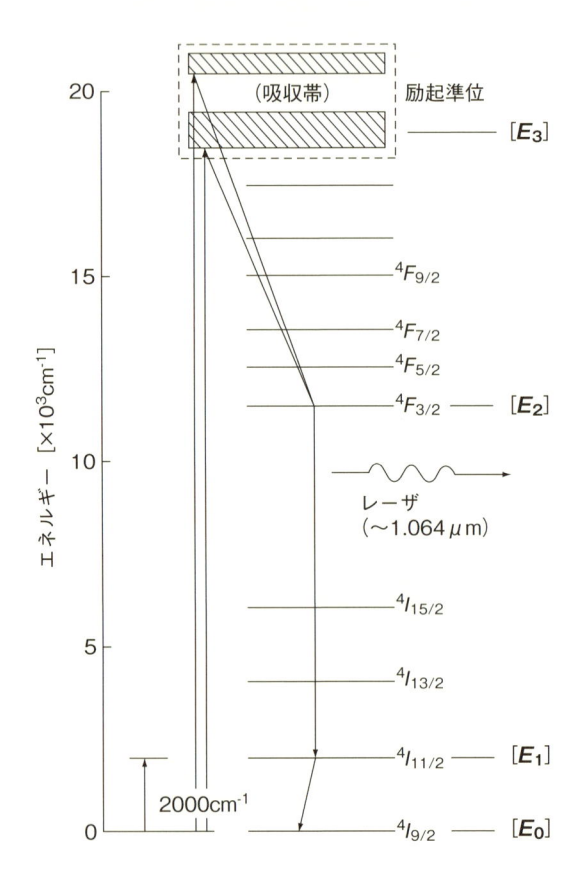

図3.7　YAG レーザのエネルギー準位とレーザ遷移

$^4F_{3/2}$準位と$^4I_{11/2}$準位との間で反転分布が生じる。

その結果、1.06μmの強い近赤外光を発生する。これは上の$4F^{3/2}$準位 $[E_2]$から下の準位$^4I_{11/2}$準価 $[E_1]$へ遷移するとき、この間のエネルギー差$[E_2 - E_1]$による自然放出と反転分布による誘導放出の両方によるレーザである（**図3.7**）。$^4I_{11/2}$準位は基底状態$^4I_{9/2}$準位から十分な距離があるうえに、光を放出しない非放射遷移があるため、ネオジウムイオンの分布は少ない。そのため、基底状態からの励起がわずかでも準位間に反転分布を形成しやすい。4準位であるYAGレーザの発振効率の比較的高いのはこの理由による。

3.2.4　YAGレーザ加工機

YAGレーザ加工機はファイバ伝送が可能なので平面加工にも立体加工にも適応できる。フレキシビリティがあり、多関節ロボットとの結合が可能である。これにより立体構造物、円管などの加工に用いられている。

YAGレーザの構成図を**図3.8**に示す。加工点までの光の導光には伝送用ファイバが用いられる。ほとんどはファイバ先端で出射して平行にコリメートさせ

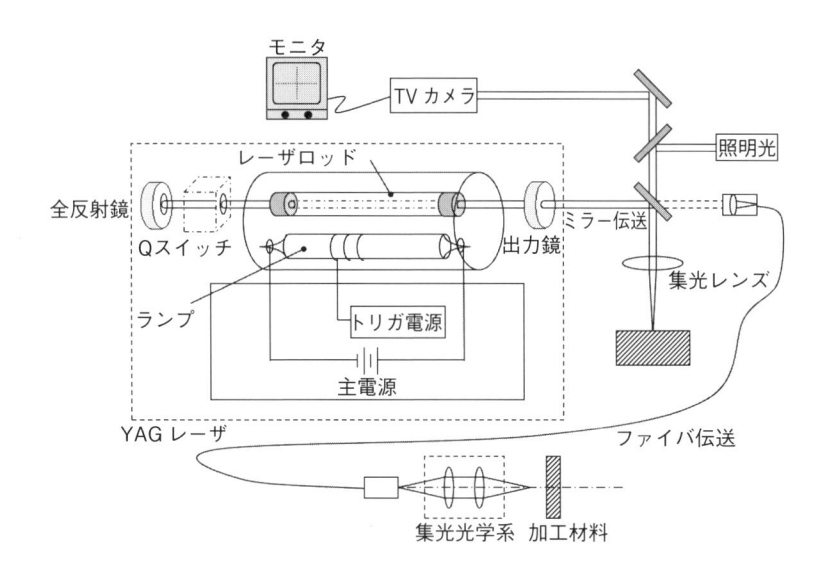

図3.8　YAG レーザの構成図

(a) ミラー伝送のYAGレーザ加工機
　　住友重機械工業㈱製

(b) 2波長のハイブリッド加工機
　　片岡製作所㈱製
　　KLY SQ700α

図3.9　YAGレーザ加工機の例

た後に集光させる光学系をもつ。短い波長の特徴を利用して、微細加工に用いられることが多いが、精密加工にはモードが大切でファイバ伝送によるモード劣化を防ぐ目的で、ミラー伝送を行うように設置された精密加工装置とLD励起のYAGレーザ加工機の例を図3.9に示す。

3-3　ファイバレーザ

　1998年にファイバレーザが出現した。本来、通信用に用いられたファイバ（Fiber）は1μm帯を伝送できることから、伝送用ファイバとして用いていたが、ファイバのコアにYb^{3+}（Ytterbium）やEr^{3+}（Erbium）などの希土類の3価イオンをドープしたもので、波長はそれぞれλ = 1074 nmとλ = 1084 nmの波長を取り出すことができる。出力は基本的に発振器を構成するファイバ長に比例する。国産では4kWまでは実現している。切断用には5kWまでのものが多用されていて、溶接用には10kWなどが用いられている。また、50～100kWまで産業界の実験用に日本にも輸入されている。LD励起時の発振効率は20

％以上と高く、スポット径が小さく焦点深度が相対的に深いことから、溶接では深溶け込みが可能であり、電子ビーム並みの性能が期待されている。ファイバレーザは直接ロボットの先端に結合することが可能であり、ロボット動作で自在に加工することができる。

　ファイバレーザで取り出されるビームモードは１～２kWはシングルモードの発振が可能で、レーザ出力が大きくなるとマルチモードとなる。一般にシングルモードはファイバコア径が小さいものから取り出される。出力はコア径に比例することからシングルモードでの高出力化には限界がある。

3.3.1　ファイバレーザと発振 [4]

　ファイバレーザは、ファイバそのものを増幅器にしたレーザ発振器である。光通信用の石英系ファイバにYb（Ytterbium）、Er（Erbium）などをドープして発振元素としたもので、コア部をレーザ媒質としてファイバ長の両端にミラー面を設けて増幅器し、その増幅光を加工用レーザ光として取り出せるように改良したものである。ファイバレーザは、中心のコア部とその周りのクラッドで成り立っている。石英系コア内にN_d^{3+}、P_r^{3+}、E_t^{3+}、Y_b^{3+}などの希土類の３価イオンを微量ドープしたものであるが、現在では、産業用の高出力ファイバレーザではファイバコアにY_b^{3+}（λ =1070nm）が主に用いられていることが多い。励起用LDには波長λ =975nmまたは915nmだけを用いて、波長λ =1,085nmやλ =1,070nmを取り出すことができる。また、出力はあまり高くはないが、コアとなるファイバ内にP_r^{3+}などをドープさせて直接グリーン光（第２高調波：λ =532nm）を取り出す方法もある。

　図3.10には高出力ファイバレーザの構成例を示す。

　高出力のファイバレーザとしては、IPG社のY_b^{3+}：ファイバレーザが特出しており、その構成は二重のクラッドで構成されている。中心に100μm径のコア部があり、第１クラッドは励起光用であり、通常のクラッドは最外部の第２クラッドがそれを担っている。励起用には波長が915nm、936nm、976nmの３種類のLDレーザが用いられていて、マルチカプラーで合成されて波長λ =1070～1090nmの光を放出している。

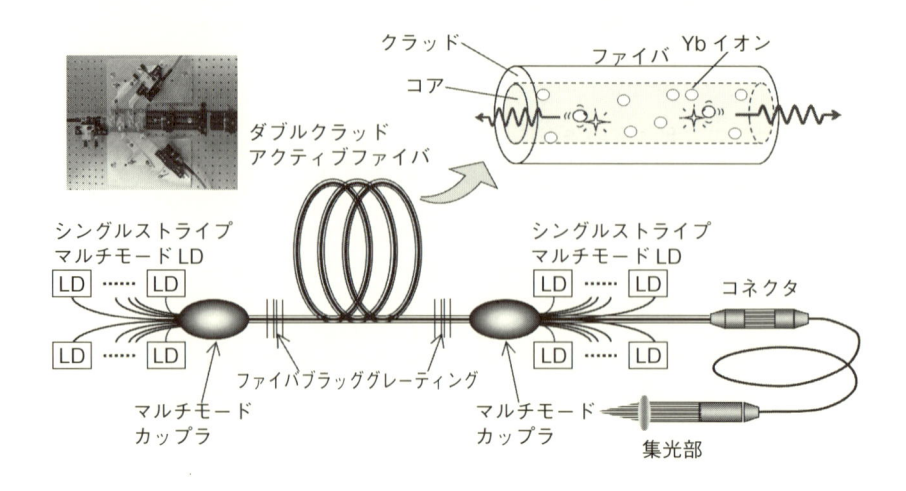

図3.10　高出力ファイバレーザの構成例

　増幅のファイバ両端にはファイバブラーグ・グレーティング（fiber Bragg gratings）があり、フレネル回折のキャビティミラーによって構成され、回折格子によって特定の波長に対して全反射や部分透過が生じることから波長選択され、たとえば、$\lambda = 1070$nmが取り出される。
　2kWクラスまではモード係数が$M^2 = 1.2 \sim 1.3$のニアシングルの良質なモードをもち、LD励起の発振効率は20％である。高出力化のために、ファイバ径を大きくしてマルチモードで数十kWの出力を得ている。ファイバレーザの励起光源は、スタックタイプの半導体レーザではなく、通信用のLDレーザモジュールを使用している場合が多い。ファイバレーザは装置サイズの小型化、超寿命、省エネ、ビーム品質などが利点としてあげられている。次世代型のフレキシブルなレーザとして、すでに産業界には100kW級のファイバレーザが実現している。

3.3.2　ファイバレーザと加工機

　世界的にはIPG Photonics社が大きなシェアを有しているが、国産では電線

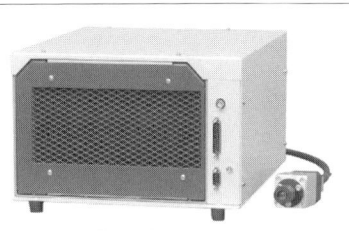

3-3 ファイバレーザ 83

■Pulse Fiber Laser
出力：15W,30W,50W,70W

■Single-Mode Fiber Laser
出力：50W,100W,200W,300W,500W

■Multi-Mode CW Fiber Laser
出力：1kW,2kW,4kW

㈱フジクラ製

Single-Mode Fiber Laser
出力：300W, 空冷

Single-Mode Fiber Laser
出力：500W, 空冷

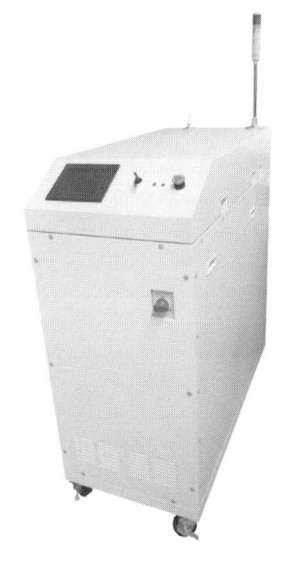

Multi-Mode CW Fiber Laser
出力：1kW,2kW

古河電気工業㈱製

図3.11　高出力ファイバーレーザ発振器

84　第3章　レーザと加工機

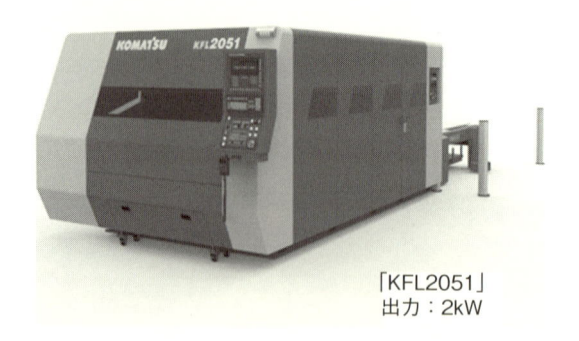

「KFL2051」
出力：2kW

コマツ産機㈱製

図3.12　NC加工テーブル形ファイバレーザ加工機

TWI（英国接合研究所）提供

図3.13　ロボット結合形ファイバレーザ加工機

メーカなど従来から通信用ファイバを生産している企業で、ファイバレーザ発振器の生産が開始されていて高出力化も進んでいる。その例を**図3.11**に示す。

　また、いくつかの機械メーカではファイバメーカからファイバユニットを購入してアッセンブリして発振器の生産もはじまっている。機械装置の観点からはファイバレーザは複雑なミラーによる光伝送系が不要となり簡略化されたものなので、従来のCO_2レーザ加工機にもそのまま搭載が可能である。そのため、

多くの企業が従来の加工機に発振器だけをファイバレーザに代替している。**図3.12**には、NC加工テーブル形ファイバレーザ加工機で従来の加工機にファイバレーザを搭載し装置化した例を示す。外観では特徴は見られない。

図3.13には、ロボット結合形のファイバレーザ加工機の例を示す。なお、他のレーザ加工機メーカでも同様の装置を製作している。

③-④ 半導体レーザ

歴史的には、1962年米国のGE、MITなどの複数の研究機関の共同により半導体レーザによる可視光の発振に成功した。また1970年、米国のBell研究所、ソ連アカデミーによって、AlGaAs/GaAsなどの2種類の材料系からなる層を交互に3層の構造としたダブルヘテロ接合構造の半導体レーザの連続発振に成功した。半導体レーザを高出力化し、直接加工用に転用する試みが1990年頃ドイツのAachenにあるFraunhoferレーザ技術研究所（ILT）、生産技術研究所（IPT）で研究され、その後に2000年頃から世界各社で措置化され工業的に用いられるようになってきた。このレーザは直接加工用半導体レーザ（direct diode laser）でDDLと称されている。

なお、DDLにはレーザの意味を含むが、わかりやすさのためにあえて重複させてDDLレーザと称することもある。

3.4.1 半導体レーザと発振 [5]

半導体レーザは共振器を半導体基板と平行につくり、へき開面（活性層）から光を出射する構造で、励起は数ボルトの電圧を印加することで電子を注入する方式が一般的である。半導体であることから、原理的にpn接合の端面から電子と正孔を加え、これらを再結合するときに光子の形でバンドギャップに相当するエネルギーを放出する。厚さがnmオーダの薄膜をバンドギャップ（禁制帯：band gap）に挟むなどして、電子が1次元の厚さ方向に量子化（quantization）されてエネルギーは離散化する。

このように電子の移動方向を束縛した活性層（量子井戸：quantum well）

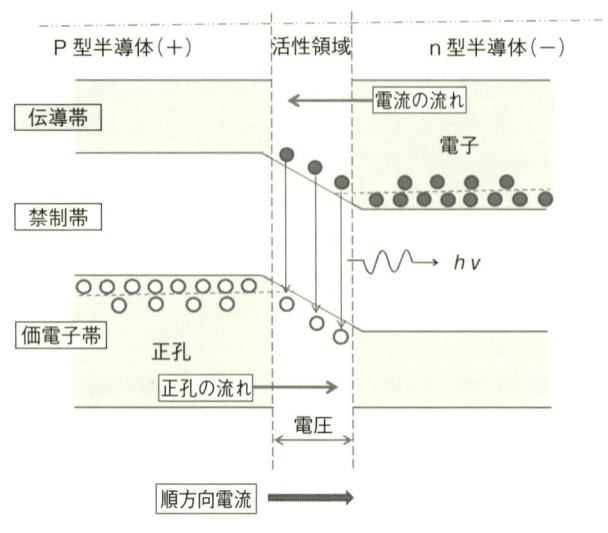

図3.14　半導体レーザの発振原理

構造を用いて電子（electron）と価電子帯中の正孔（electron hole）を接合部の狭い領域に高密度に注入することで、最初の小規模に放出された光は順次光量を増し、次々と誘導放出を起こす。電圧をかけない状態では正孔と電子はほぼ同じエネルギーを有し、それぞれの層にとどまるものの、順方向に電圧をかけると正孔と電子は中心層に流れ込み、電子は伝導帯から禁制帯を隔てた価電子帯に落ちて正孔と再結合する。それにより継続的な発光現象を生じる（図3.14）。

　半導体レーザは、注入された電気が光に変換される効率（電気→光変換効率）が約50％と非常に高く、寿命が長くコンパクト性が優位点とされている。

　しかし、当初の半導体レーザ自体は、個々にはせいぜい5W程度と出力はさほど大きくない。そのため半導体レーザはYAGレーザの励起用光源として長く用いられてきた。

　その後、高出力化の模索が続き解決法の1つとして、いくつかの半導体を横に並べてアレイ（array：バー配列）化することで出力を増し、さらにアレイを幾重にも重ねてスタック（stacks：積層）化することで、2次元の配置した

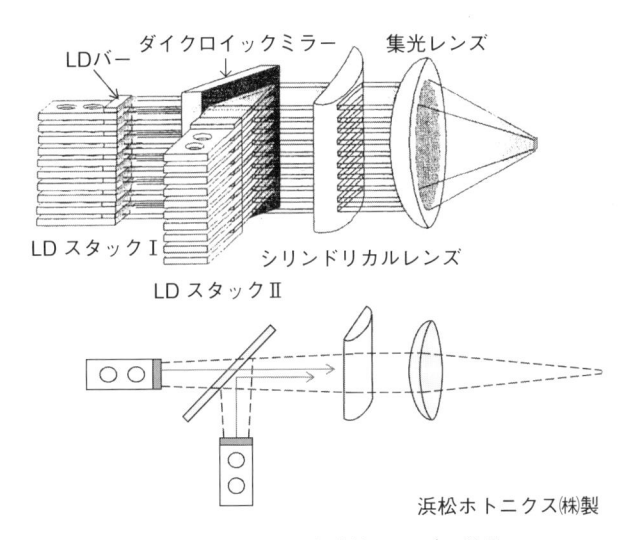

図3.15　高出力半導体レーザの構造

　半導体群で十分に数十Wから数百W出力を稼ぐことができることから、直接加工に用いられるようになってきた。たとえば、32個のLDバーを並列に配置した集合体で1つのスタック（積層）が構成されていて、このスタックを2〜4個光学的に合成することで数kWが得られるように設計されている。偏光やビーム整形などの光学系を途中光路に挟むこともある。通常は数個のスタックから取り出されたレーザ光は光学系によって広がりが抑えられ、コリメーションによってほぼ平行光にされた後にレンズで集光される。集光に至る構造を**図3.15**に模式的に示す。

　DDL熱源は底辺が矩形であるために移動する方向によって熱源としての形状が異なる。そのため、工業的な応用や役割も違ってくる。進行方向に向かって広幅の熱源となるX方向への移動は主に焼入れ加工に、一方、進行方向へ向かって細い熱源となるY方向への移動は溶接加工に用いられることが多い。半導体レーザは効率が高く金属材料に対する波長吸収性がよいことから、工業的な応用において大きな期待がある。

LBM10
出力：2kW、4kW

エンシュウ㈱製

図3.16　高出力半導体レーザ加工機

3.4.2　半導体レーザ加工機

　半導体レーザは多くのアレイがスタック化されていることは述べたが、これに光学系を含んでユニット化したものをコンパクトにケースに組み込んでいる。光学系を内蔵した一体化したケースで発振器を構成しているので、これが加工ヘッドとなる。したがって、従来の加工機に搭載は可能ではあるが、加工ヘッドが大きくなる。そのため、小回りの加工よりは直線的な加工を得意とする。特に加工装置として組み込まれた例を**図3.16**に示す。

3-5　ディスクレーザ

　ディスクレーザ（disk laser、または disc laser）は1998年頃にドイツstuttgart大学レーザ加工研究所（ISFW）のGiesenらによって発明され、その後、ドイツのTRUMPF社によって高出力化され商品として装置化されたものである。YAGレーザの一種であるが、レーザ媒質が薄い円板（ディスク）状で構成されているタイプで、LD励起ディスク型（thin-disc laser）YAGレーザである。

Yb イオン

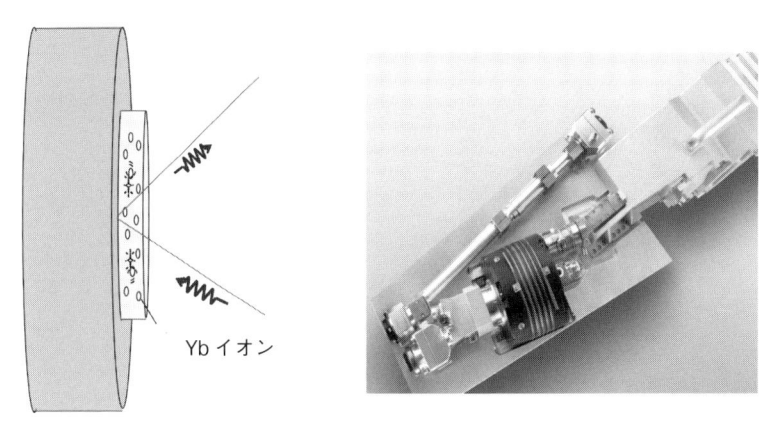

図3.17　ディスクレーザの発振原理の模式図

ディスクは背面が反射鏡になっているヒートシンクに取り付けている。レーザ光の吸収は、ごく表層であるうえにディスクが全面で接触している。そのため、熱拡散や冷却が均一となり発振固体が光吸収による熱レンズ効果を起らないとされている。ディスクレーザではディスク状のYAG結晶にY_b^{3+}がドープされている。分類的にはY_b^{3+}：YAGレーザである。

図3.17にディスクレーザ発振原理を模式的に示した。

3.5.1　ディスクレーザと発振 [6)]

　ディスク状の薄いYAG結晶（Yb^{3+}：YAG）は、ヒートシンク（heat sink）の円盤上に置かれている。円環状またはアレイ状に配置されたレーザダイオード（LD）から取り出された励起光束をコリメーションまたはカライドスコープで誘導し、パラボリックミラーを複数回介してレーザ光を取り出すように工夫されている。また、複数のディスクユニットを組み合わせて発振器の高出力化を図っている。円環状にアレイまたは間欠的に配置されたレーザダイオード（LD）から励起光を照射するとともに、その折り返し光路上にYAGディスク結晶を介して全反射鏡と部分透過鏡（ハーフミラー）が配されている。光はこの間を往復して光が増幅されるが、何回もディスクを通過して発振効率を上げる工夫がなされている。

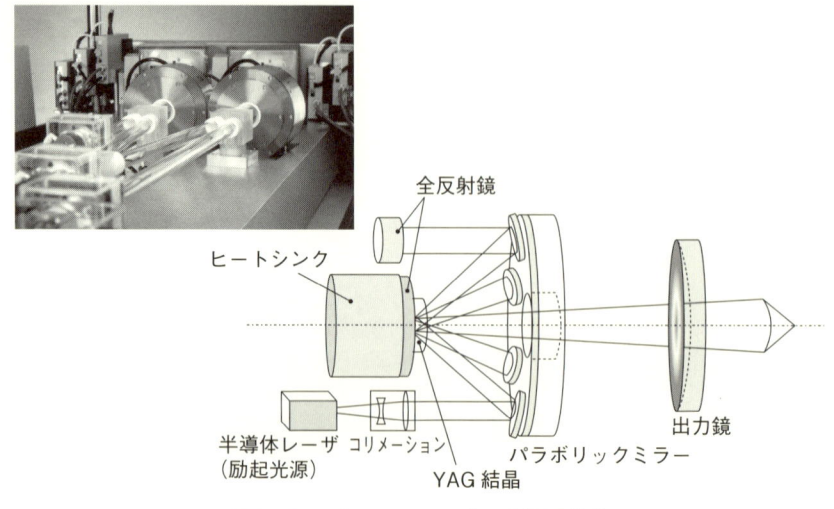

図3.18　ディスクレーザの発振器構造

　YAG結晶のディスクの厚みは、おおよそ0.2mm程度で、ディスク1枚当たり0.5～1kWの出力を得られるように改良されてきた。ディスク1枚当たりで、出力は500W～1kW以上を得られることから、数枚を組合せ、すでに発振器として数kWを得ている（**図3.18**）。

　現在、最大16kWのレーザ出力を取り出すことができる。この出力でもビームパラメータ積は小さく、発振形式はCWおよびパルス発振が可能で、パルス幅は数十～数100nsの範囲にある。ディスクレーザの発振波長　N_d^{3+}イオンドープであるため波長は1064nmである。そのため、YAGレーザと比較して波長・集光ともに変わらないが、光伝送がファイバ伝送であることから、波長は異なるがファイバレーザと類似のビーム特性を有している。

3.5.2　ディスクレーザ加工機

　加工機としては特別なものではなく、外観的には従来のCO_2レーザ加工機やファイバレーザと同様であり、加工テーブル駆動の2次元加工機や3次元加工機用があり、さらにロボットとの結合も対応が可能である。

　図3.19にはディスクレーザ加工機の外観を示す。

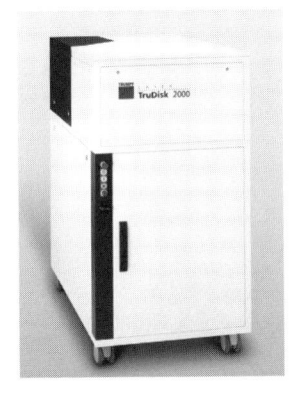

3-5 ディスクレーザ 91

2kW ディスクレーザ　　4kW ディスクレーザ　トルンプ㈱製

図3.19　ディスクレーザ加工機の外観

❸-⑥ 加工システム[7]

　レーザ発振器、すなわち光発生装置だけあっても、ほとんどの場合において加工に直接寄与することはまれである。実際の生産に即した加工機械として機能するためには装置化が必要だからである。これがレーザ加工装置またはレーザ加工システムと称されるものである。レーザ加工システムの構成は、レーザ発生装置、制御系、ビーム伝送系、加工テーブル駆動系、集光光学系およびの周辺装置（集塵機、チラーなど）で構成され、これらは効果的に結合されてはじめて加工システムとして機能する。

　図3.20に各種レーザの加工システムに共通するテーブル駆動系による分類を示す。これはレーザ加工機全般に通じる。

3.6.1　ワーク移動方式

　ワーク移動方式とはレーザ加工ヘッドが固定された位置にあって、この固定位置でレーザ光が集光され、ワークを搭載したテーブル側がX軸とY軸が同時制御で移動が可能である。その結果、発振器から集光系までの光路長が変化しないため「光固定型」ともいわれる。これらは2次元加工機が主で、テーブル

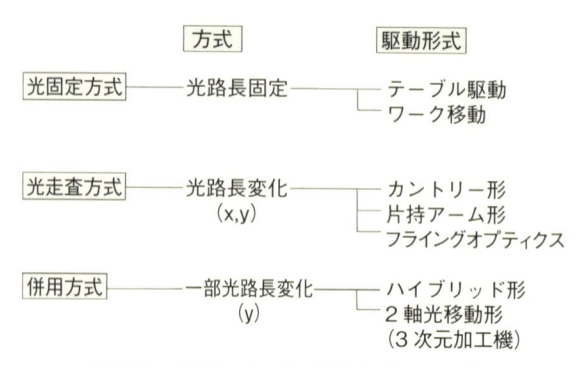

```
          ┌方式┐              ┌駆動形式┐
┌光固定方式┐──光路長固定──┬テーブル駆動
                              └ワーク移動

┌光走査方式┐──光路長変化──┬カントリー形
                 (x,y)        ├片持アーム形
                              └フライングオプティクス

┌併用方式┐──一部光路長変化─┬ハイブリッド形
                 (y)          └2軸光移動形
                               (3次元加工機)
```

図3.20　加工システムの鼓動系におる分類

はX‐Y駆動系である。基本的に外部光学系が下方への折返し鏡（ベンドミラー）と集光光学系（レンズなど）最小の組み合わせで、光路長が変わらす位置変動がないため光の性質が変化せず安定性がよいとされる。この方式を**図3.21**に示す。

3.6.2　光移動方式

　光移動方式とは、ワークを搭載したテーブルは移動せずに、X軸およびY軸上に設けた方向変換用の偏向ミラー（bend mirror）などの光学的な中継点をそれぞれ、あるいは同時に加工点に移動することで照射するもので、加工テーブルを固定したまま、光路長だけを変化させながら材料上をレーザ光が走査（scan）する方式である。このことから「光走査型」ともいわれる。また、光

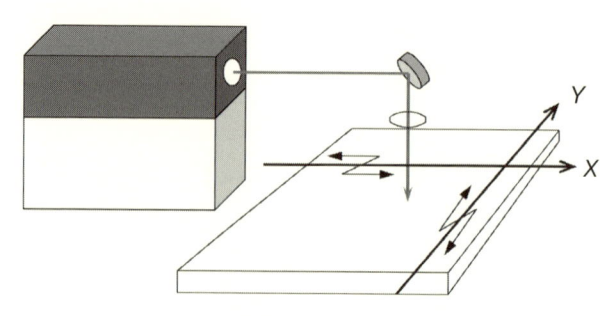

図3.21　ワーク移動方式（X‐Yテーブル駆動形）

が自由に空間を移動することから「フライングオプティックス (flying optics)」などと呼ばれることもある。

この方式は光が移動するため加工テーブルの寸法に合わせた設置スペースのみでよく、材料の定尺材寸法をテーブルサイズとしている。大型の加工機には床面積を最小に抑えることができ、生産ラインに対応できるとしている。光路長は常に変化するが、特に大型システムで光路長が長い場合にはビームコリメータ (beam collimator) と呼ばれる径の変化を小さく抑える光学系 (補償光学系) を光路上に設置して、ビーム径変化を防ぐ工夫がなされることがある。光移動方式の概念図を図3.22に示す。基本的に2次元加工機で多く用いられる。

3.6.3 併用方式

光移動とテーブル移動方式を複合させたものを併用方式という。両方の方式を部分的に採り入れた方式で複合方式ともいう。いわばハイブリッド方式である。この方式には次の2つの方式がある。それは、

①移動＋材料移動方式：1軸は材料をクランプして移動させ、他の軸は光で移動する方式

②光移動＋テーブル移動方式：1軸をNC駆動させて、他の軸を光で移動する方式

がある。床の設置面積をさほど大きくする必要がなく作業性がよく、また、

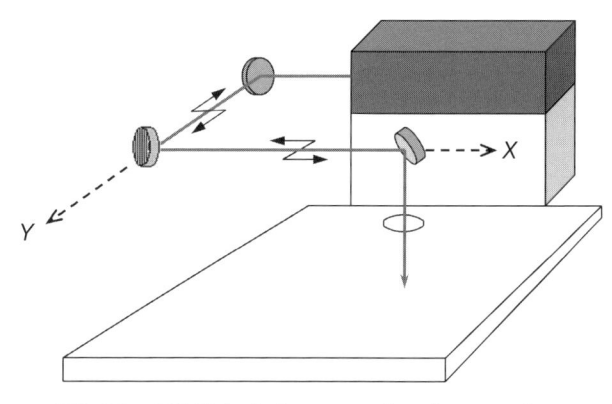

図3.22　光移動方式（フライングオプティックス）

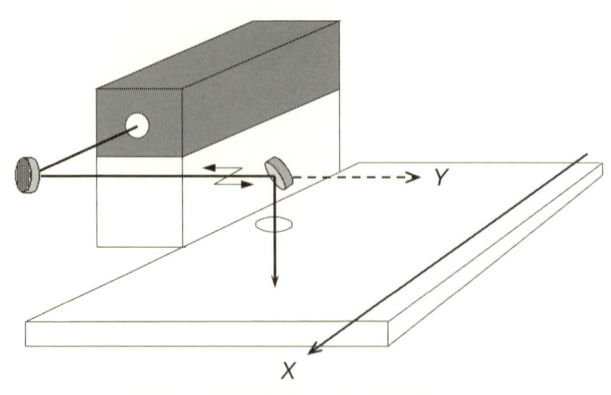

図3.23　併用方式（1軸光移動形）

光移動が1軸のみと短いので、対象となる材料寸法が大きくてもビーム伝搬による距離の変化や集光特性を気にする必要がなく、特にコリメーションを必要としない。併用方式の概念図を**図3.23**に示す。

なお、現在では2次元の平面加工機でも加工ヘッドの短い上下動をZ軸とした3軸同時制御による3次元駆動であり、これらによって平面はもちろんのこと、多少の高低差や緩やかな傾斜については加工できる。いずれに場合でも、設置スペース、作業性、保守性、ライン対応、加工精度、光剛性などの立場から用途面で一長一短があるため、目的に合わせて選択される。

3.6.4　3次元加工システム

3次元加工システムはX軸、Y軸、Z軸がNC駆動で、その上、同時に加工ヘッドの先端に回転や傾きを可能にした3次元5軸の同時駆動方式である。さらに材料を傾けるチルティング（tilting）や、回転させるやインデックス（index table）や、ロータリテーブル（turn table）などの回転テーブルなどの付加機能を追加する場合もある。加工面はひっくり返すことなく材料の5面を加工することができる。

3.6.5　ロボット結合方式

ファイバ用いることができるは1μm帯の波長のレーザでは多関節ロボット

などとの結合が可能である。NC制御の工作機械を転用した加工システムは光に対する振動が少ないことから一般に光の剛性が高いといわれている。このことから"剛の機械"であると称することもある。

これに対してロボットはポイント・ツウ・ポイント（point to point）の位置精度は高いが、移動途中経路での軌跡精度（pass accuracy）はやや低いといわれている。このため多関節ロボットなどは"柔の機械"と称されている。加工精度をさほど要さない溶接などに用いられることが多い。しかし、装置のフレキシブリティが高いので、精度を稼ぐために加工速度を落として低速で加工する方法や、高剛性の大型ロボットを用いることがある。

ロボット方式の概念図を**図3.24**に示す。

なお、これらの加工システムは日本で最初に開発され発展したCO_2レーザ加工機から派生したシステムでもあるが、YAGレーザやファイバレーザ加工機のシステム化する場合には、基本的に同様の概念が取り入れられる。

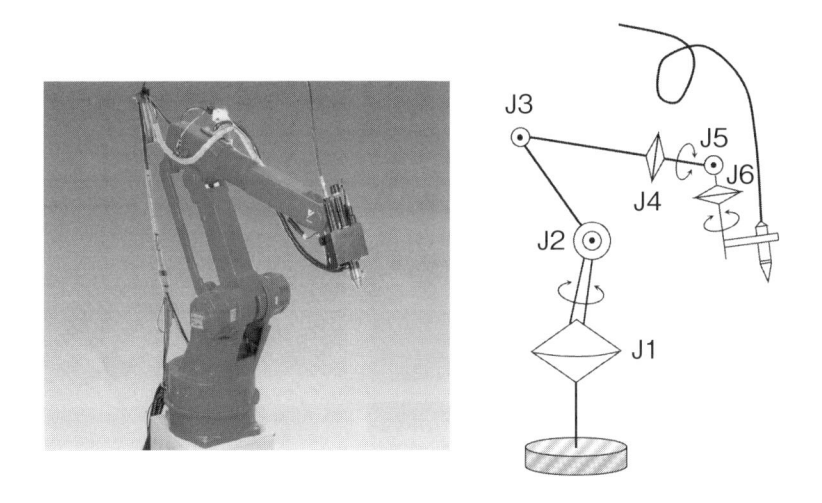

図3.24　多関節形ロボットによる加工システムの例

【第3章　参考文献】

1）Patel,C.K.N.「Continuous-wave laser action on vibrational-rotational transition of CO_2, Phys. Rev」136-54,pp.A1187-1193（1964）
2）Patel,C.K.N.「Interpretation of CO_2 optical maser experiments, Phys. Rev. Letter」12-21, p588（1064）
3）Geusic,J.E., Marcos,H.M., and VanVitert,L.G.「Laser Oscillator in Nd-doped yttrium aluminum, yttrium gallium and gadolium garnets, Appl. Phys. Letters」4,pp.182-184（1964）
4）IPG Photonics社、技術資料
5）浜松ホトニクス株式会社、技術資料
6）TRUMPF株式会社、技術資料
7）新井武二「高出力レーザプロセス技術」マシニスト出版、p46-52（2004.6）

第4章

レーザ切断加工

レーザ切断加工は、レーザ加工の中でもっとも産業界に広く受け入れられ発展した加工法である。わが国ではレーザによる産業応用の80％以上をレーザ切断が占めるといわれている。レーザの切断性能も年々上がり、現在では40mm程度の厚板まで切断できるようになってきたことから、とりわけ鋼材業や金属加工業での普及には目ざましいものがある。本章では、レーザ切断で知っておくべき事項を扱う。

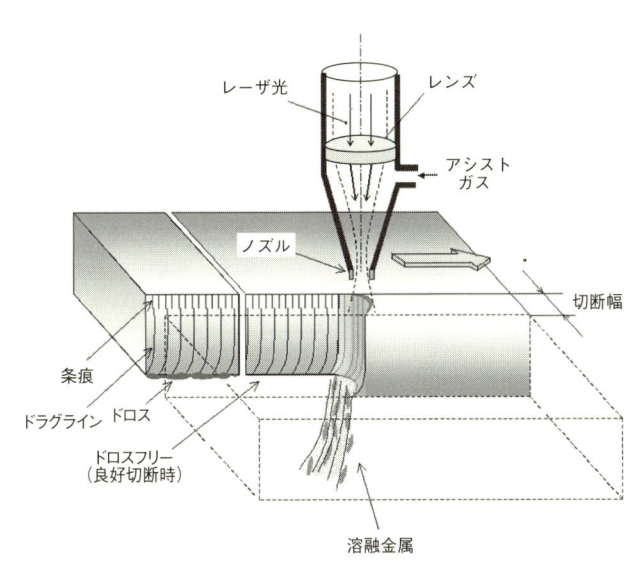

金属材料のレーザ切断モデル

④-① レーザ切断の技術変遷

　シート材（板金）の加工を主な作業とする板金業でのレーザ切断は、早くから取り入れられた応用技術であり、プレス加工に代替する新技術としてレーザ切断加工はもっとも重要視されるようになってきた。レーザ切断では、数mmの薄板から数十mmの厚板まで切断が可能で、抜き型を必要としないうえに、型材やパイプ材も精密に切断できるなど、加工の応用性、自在性に優れている。しかし、普及が先行したため加工事例は多いが、正確な技術的理解が遅れた感がある。

　『高性能レーザ複合生産システム』という国家プロジェクトが1978年から1983年の5年間にわたって実施され、高出力CO_2レーザ発振器の開発が行われた。同じ時期の1980年の前後、国産レーザ加工機が市場に投入された。主にシート材の切断を意図したために、レーザ切断加工は長い歴史をもつ。

　その後、高出力化と加工ノウハウの蓄積とに相まって加工性能は飛躍的に向上した。軟鋼を基準にした場合、1kWで板厚9mm、2kWで板厚19mm、3kWで板厚25mmなどと順次厚板切断が可能となった。速度を考えなければ6kWで板厚40mmの切断ができるまでになり、最近では速度を上げて2インチ（50mm）切断が目標となっている。高出力レーザがもたらした恩恵でもある。このことによって柔軟性の高いレーザ切断は加工業に広く普及した。**図4.1**には切断技術の変遷を時系列的に示した。

④-② 切断加工の位置づけ

　切断は太古の昔から存在する人類が英知を集めてきた技術である。ここでは主に板材の切断技術からみたレーザ切断の位置付けを**図4.2**に示す。レーザは一種の熱加工ではあるが、厚板までの切断が可能で、普通切断も精密切断も可能であることを特徴とし、箔のような極薄板から、50mm以下の極厚板までをその範囲に含んでいる。また50mmを超えるような極厚板は需要が限られることから、産業界における鋼材の板厚分布では、ほぼ80％以上を網羅して

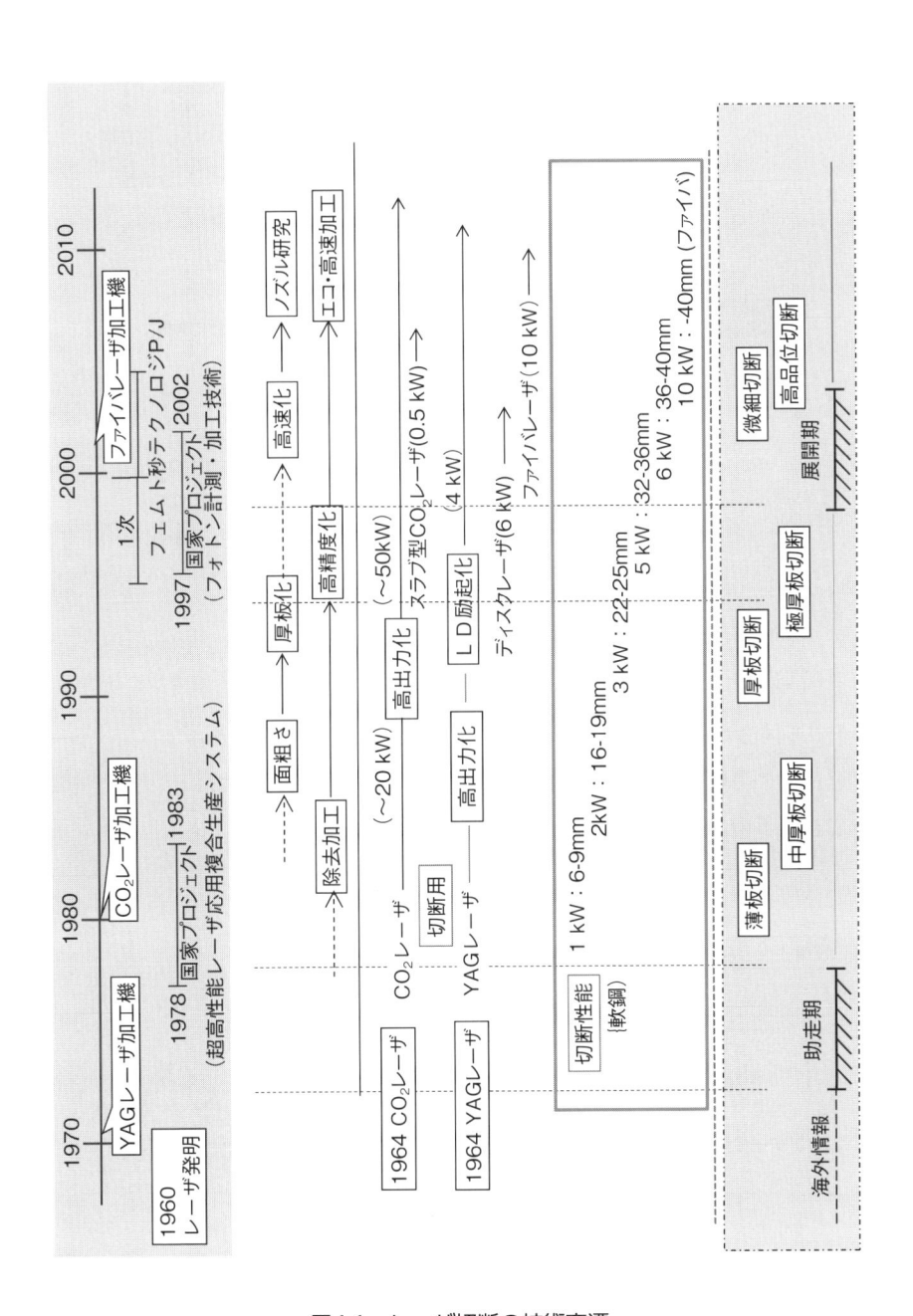

図4.1 レーザ切断の技術変遷

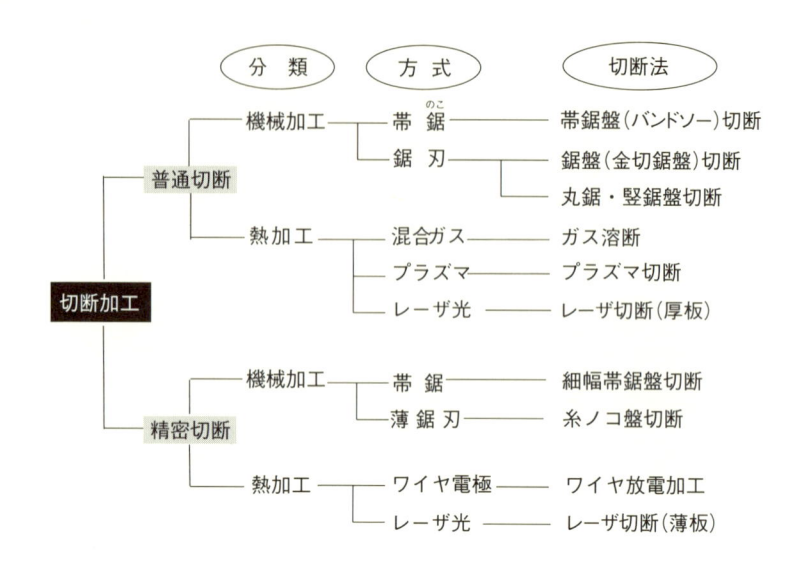

図4.2 レーザ切断の位置付け

いるとされている。

　特に図4.3に示すように、競合する切断技術の比較でもわかるように、レーザは薄板の領域を得意としている。レーザは無接触の切断法でスポット径を小さく絞れるので、箔のようなきわめて薄い板材の切断も可能である。

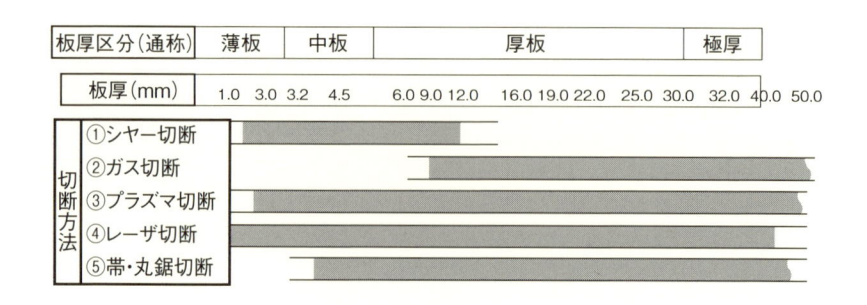

図4.3　各種切断法の比較

❹-③ 切断加工の特徴

レーザ切断加工の主な特徴は次のとおりである。
① レーザ光は空気中を減衰することなく伝搬でき、非接触の切断が可能なので、材料に対する力学的な負荷や直接の汚染は少ない。
② 高出力レーザによる切断は、赤外線など長波長の波長吸収による発熱のメカニズムを利用した熱加工である。このため、熱の発現状態は被加工材によって異なる。
③ レーザ照射による材料表面の発熱は、きわめて瞬間的で狭い範囲に限定される。溶融温度や蒸発温度にいたる過程は、材料固有の熱的な物性値によって決まる。
④ レーザによる切断加工は一般に高速切断が可能なため、材料に対する熱的な伝達は小さく、加工された材料の熱歪、熱影響層は他の熱加工法に比較して小さい。また、光であることから一般の機械加工のような工具の磨耗、振動、騒音などはない。

❹-④ 切断加工の種類

レーザ切断はその切断のメカニズムから、①溶融切断、②蒸発切断、③割断に大別することができる。このうち溶融切断はレーザ照射によって溶融現象を伴うもので、積極的な溶融切断と消極的な溶融切断とがあり、積極的な溶融切断はアシストガスに活性ガスの酸素ガスを用いる反応切断（酸化切断）であり、消極的な溶融切断は不活性ガスのアルゴン（Ar）ガスまたは窒素（N_2）ガスを用いる非反応切断（無酸化切断）である。また、アシストガスに空気を用いて行う中間的反応切断もある。それぞれ切断面の光沢が異なり酸素の多いものほど光沢は少ない。

蒸発切断は特に融点が低い材料や、プラスチックなどの非金属に多い。赤外線のレーザ波長を吸収して発熱し、瞬時に熱分解および劣化を伴う蒸発現象によって分離・切断されるものである。この場合のアシストガスには通常、過剰

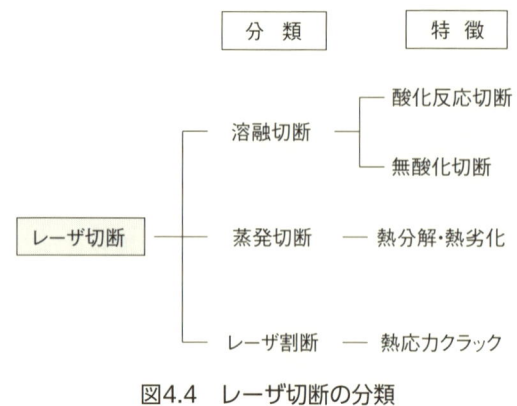

```
                      ┌ 分 類 ┐    ┌ 特 徴 ┐
                      │       │    │       │
                               ┌── 酸化反応切断
                      ┌ 溶融切断 ┤
                      │        └── 無酸化切断
           レーザ切断 ─┼ 蒸発切断 ── 熱分解・熱劣化
                      │
                      └ レーザ割断 ── 熱応力クラック
```

図4.4　レーザ切断の分類

な燃焼を防止し、蒸発ガスを除去する目的で不活性ガスや空気を用いる。割断はガラスなどの熱伝導性の悪く脆い材料、たとえばガラスなどにおいてレーザ照射したとき、圧縮・引張応力によって生じるクラックを積極的に加工に利用したものである。これら分類の関係を図4.4に示す。

4-5 レーザ切断の加工現象

4.5.1 切断加工の原理

　レーザ切断は、光吸収による発熱作用により溶融させて、噴射アシストガスによって材料の照射部分を強制的に除去し、分離する加工法をいう。集光したレーザ光を材料表面に照射すると、材料のごく表層部（たとえば金属によっては数～数10nm）で波長吸収され、分子振動を誘起することから急激に発熱し昇温する。その結果、表面の照射部には溶融池または蒸発穴が瞬時に形成される。

　この状態でアシストガスを噴射しながら、レーザビームまたは材料が相対的に移動すると、活性ガスの場合には酸化反応と噴射ガスの運動エネルギーによって、不活性ガスの場合には光照射による溶融金属の強制除去によって、連続的な切断溝が形成される。低融点の材料では直接蒸発温度に達して溝が形成される。いずれにしても、レーザ切断はこのような発熱現象とガス噴流の運動エ

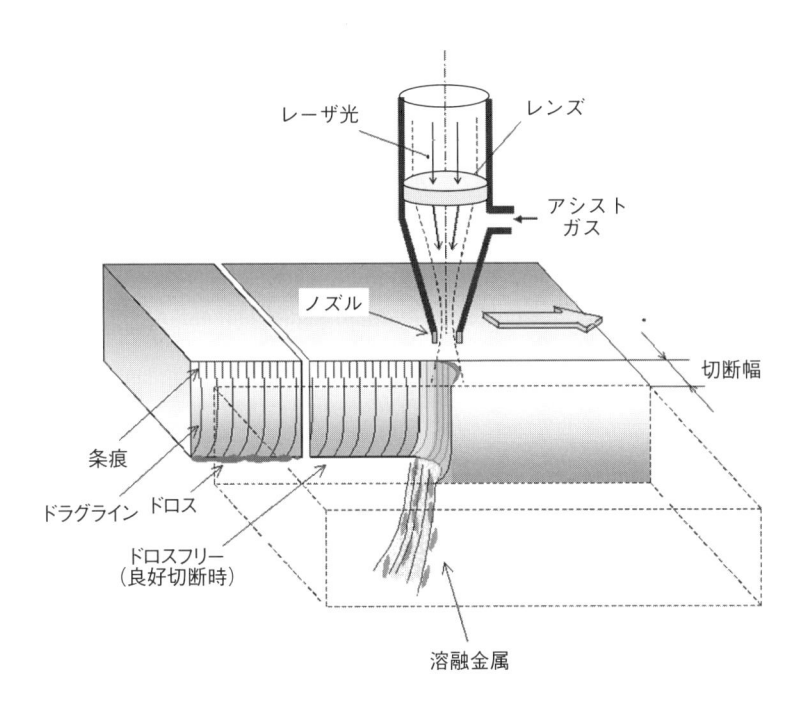

図4.5　金属材料のレーザ切断モデル

ネルギーの平衡を利用した加工法である。

図4.5にレーザ切断のメカニズムを基にした金属材料の切断モデルを示す。上面は条痕（striation）と呼ばれる縦方向のすじが現れる。また、その下方では条痕を引きずるように下方に発展したドラグライン（drag line）が発生する。このドラグラインは切断速度が速いと下方で遅れが生じるために後方にカーブする。通常のレーザ切断での良好な切断状態とは、下面にドロス（dross：溶融金属の付着物）の付かないドロスフリー（dross free）の状態を指す。

4.5.2　切断フロントの挙動

レーザ切断におけるフロントの形成は切断速度によって変化する。切断方向に平行となる断面のフロント形状は、切断速度が遅いほど垂直に立ち、速いほど下面が後方に流れるようにカーブする。また、切断側面の上面では規則性を

もった縦方向のすじ(以下、条痕)が形成される。軟鋼のレーザ切断において、切断面に条痕が生じるメカニズムの研究についてはいくつかの仮説や生成モデルが提案されてきたが[1~4]、切断が良好な状態となる定常状態における軟鋼切断での説明は少ないので、著者らの研究に基づいて説明する[5]。

金属切断では切断フロント(cutting front：切断前面)近傍の切断面で、集光スポットの高密度熱源による鉄の燃焼速度(または溶融反応速度)はきわめて速く、酸素の分子の拡散速度(酸化反応速度)はそれより遅い[6]。切断は、レーザ熱源と材料の酸化反応による熱拡散のエネルギーバランスで成り立っているため、板厚や出力に応じた適切な切断速度の範囲が存在することは、すでによく知られている。したがって、過入熱や必要以上に切断速度が遅い場合には不安定な燃焼を引き起こす。

板厚4.5mmの軟鋼を用いた実験では、レーザ出力2kWで切断速度が1m/minより下の低速となる領域では切断はやや不安定になり、一方、切断速度が1m/min以上となる領域では切断はほぼ安定状態になる。そのため、切断速度が比較的速い領域と、比較的遅い領域に区分し、切断が安定する定常状態となる範囲を切断速度1m/min以上の領域とし、不安定で非定常状態となる範囲を切断速度1m/minより遅い領域として分けて考える。

高速度カメラによる観察の研究では、撮影・計測やビジュアル化を容易にするために、材料上で得られるスポット径をデフォーカスにより大きくしていることが多いが、レーザ光のエネルギー密度やガス噴流挙動などをより実態に近づけるために、スポット径が$\phi=0.5$mmとなる範囲内にとどめた。なお、実際の薄板切断加工では材料表面に焦点を合わせる関係で、スポット径はほぼ$\phi=0.3\sim0.4$mmとなる。

本実験装置で用いたレーザ加工機は光軸固定型のCO_2レーザ加工機(三菱電機㈱製ML1212HVⅡ)が使用された。また高速度カメラは、1,280×720 pixelで10,000fpsの撮影が可能な㈱ナックイメージテクノロジー製「MEMRECAM HX-3」などを用いて高倍率で接写した。撮影風景を**図4.6**に示す。撮影はシャッタースピード1/20,000sで、コマ数10,000fps～2500fpsで行った。

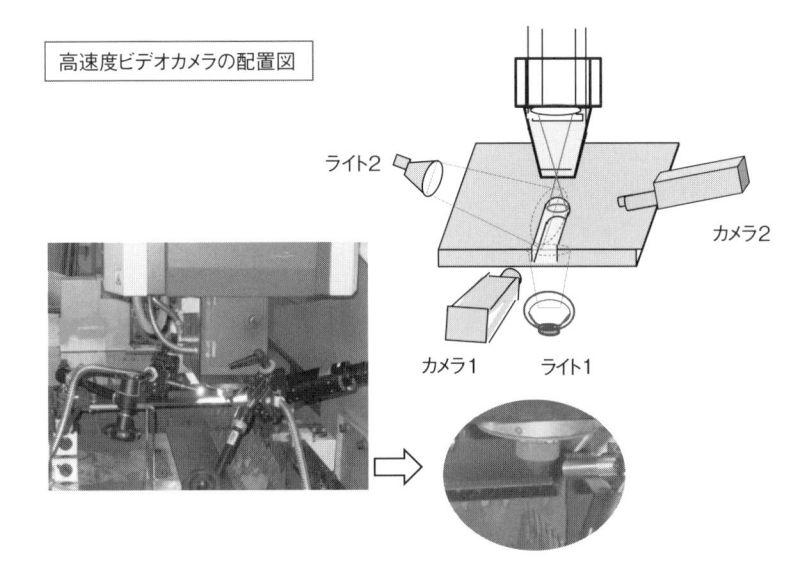

図4.6　切断フロントでの高速度撮影

4.5.3　切断フロントでの溶融流れ挙動

　高速度カメラを用いた観察から、レーザビームおよびアシストガス噴流直下に位置する切断フロントでは、溶融金属の除去過程で同時に2つの流れが存在する。1つは、切断方向に進行する切断フロント正面の中心部で、上から下へ滝のように高速で流れ落ちる一定幅をもった「下方への流れ」で、もう1つは、両サイドの壁面へ流れ出る「側壁方向への流れ」である。そのため、切断フロントにおける溶融金属の流れの2通りに分けて観測する。すなわち、進行方向の正面で下方への溶融流れと側面への流れである。

（1）正面下方への流れ

　切断方向に進む切断溝の表面では、下方へ急速に流れ落ちる切断幅よりやや小さい幅の下方流れがある。この流れは網状に交差して見えることが多い。これは流れ学でいう「ブライディング (braiding)」と呼ばれる現象である。下方への流れは板厚やガス圧にもよるが、流速が速くなる薄板でもおおむね

CO_2レーザ出力：2kW
切断速度：1200 mm/min,
ガス圧：0.08MPa,
撮影速度：250000fps

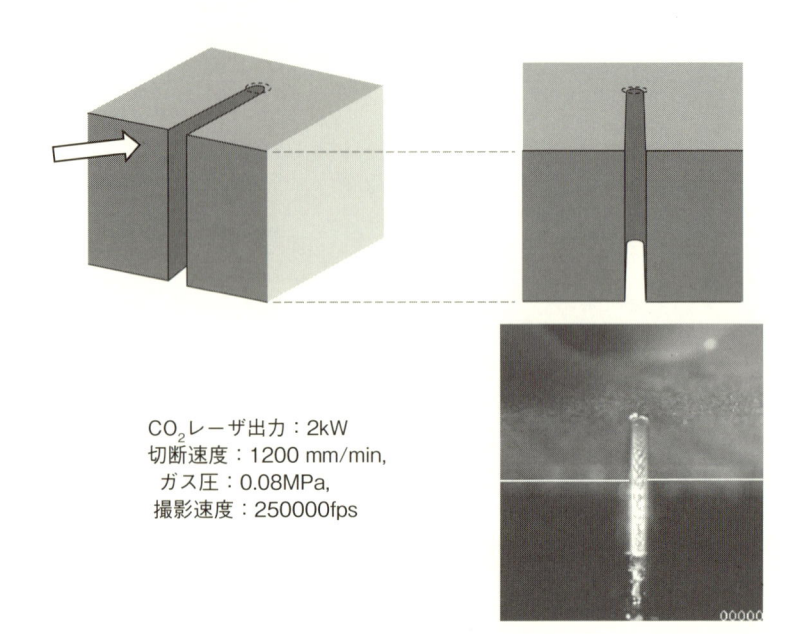

図4.7　正面下方への流れ観察

10m/s未満である。切断フロントおける下方への流れ写真を図4.7に示す。本実験の板厚4.5mmの軟鋼の場合では約8 m/sであった。しかし、これ自体は表面の現象で横方向へ流れる振動源とはならない。

（2）側面後方への流れ

両サイドの壁面では、熱源によって側壁上方で発生する溶融金属に加えてフロント近傍から側壁へ流れ出るものがある。この2つは合流して膜状に平面波として後方へ向かう流れとなる。フロントの速度は切断速度であるが、逆方向となる側面へ流れる流速はフロント形状に沿って迂回するため、せいぜい数十mm/sで、実験の切断範囲では側壁の流速は切断速度の80～85％以下となる。

①安定状態におけるレーザ切断

連続切断時における切断フロントの動きは、切断が良好に維持する間はそのまま切断速度と同じ速度で前進する。撮影コマ数を10,000fpsの超高速撮影でも間欠や振動は観測されなかったことから、切断時に溶融除去される三日月状

のフロントの先端の動きは間欠的でないばかりか、振動を伴うことなく、きわめて連続的に進行することが確認されている。

　溶融金属が成長して剥離する過程で、縦方向のスジの条痕が確認できる。この溶融膜はフロントと壁面の間を周期的に往復運動するようにみえる。その様子を高速度カメラの抜粋画像で示す。溶融金属表面にピントを合わせることはたいへん困難で、白黒写真では溶融金属は白濁状の膜のように見える。

　図4.8には1200mm/minの場合を示す。溶融金属は切断壁面の上段付近で前後に一定幅を往復するような挙動を示す。切断測度を変えると後方に延びる溶融金属が壁面で往復する幅（ストローク）は変化し、速度が遅いほど大きく速いほど小さい。そのため速いほど細かい変化が見えにくくなる。画面解析では再生速度を遅くして周期の時間を正確に測定した。

　フロントでの急激な下方向への流れは、側壁方向への流れとの間に大きな流速差が生じる。そのため、切断時にこの2つの流れの境界近傍で、溶融金属は側面に押されて後方へ流れる。

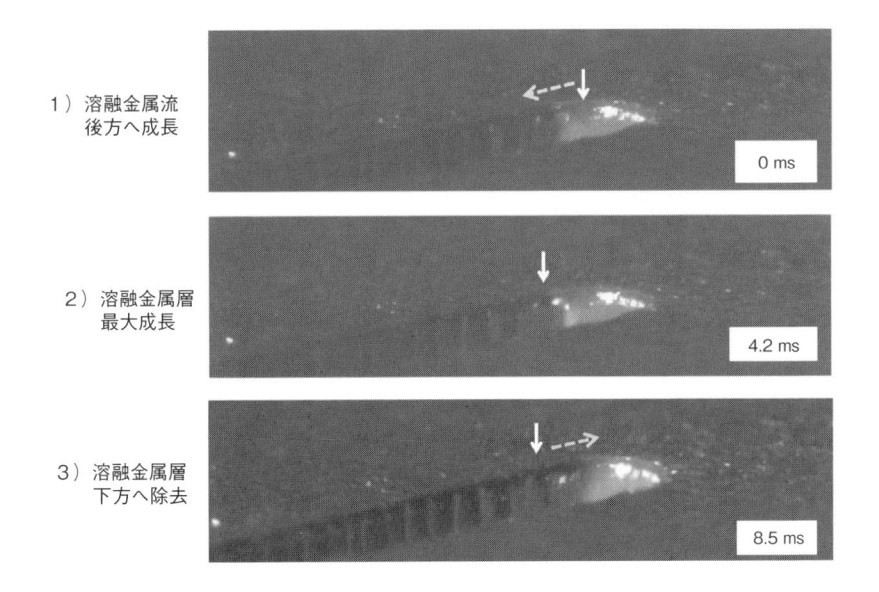

1) 溶融金属流
　　後方へ成長
　　　　　　　　　　　　　　　　0 ms

2) 溶融金属層
　　最大成長
　　　　　　　　　　　　　　　　4.2 ms

3) 溶融金属層
　　下方へ除去
　　　　　　　　　　　　　　　　8.5 ms

図4.8　安定状態の切断フロントの撮影（F=1200 m/min）

108　第4章　レーザ切断加工

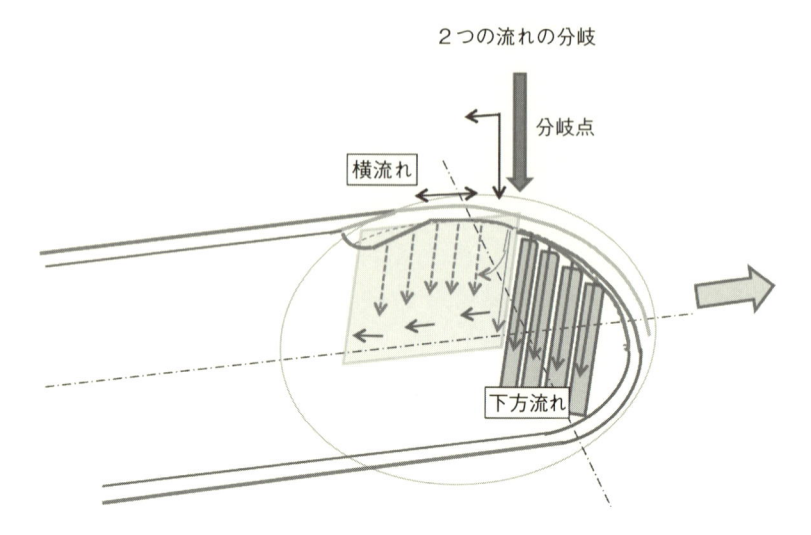

図4.9　切断フロントにおける流れの分岐

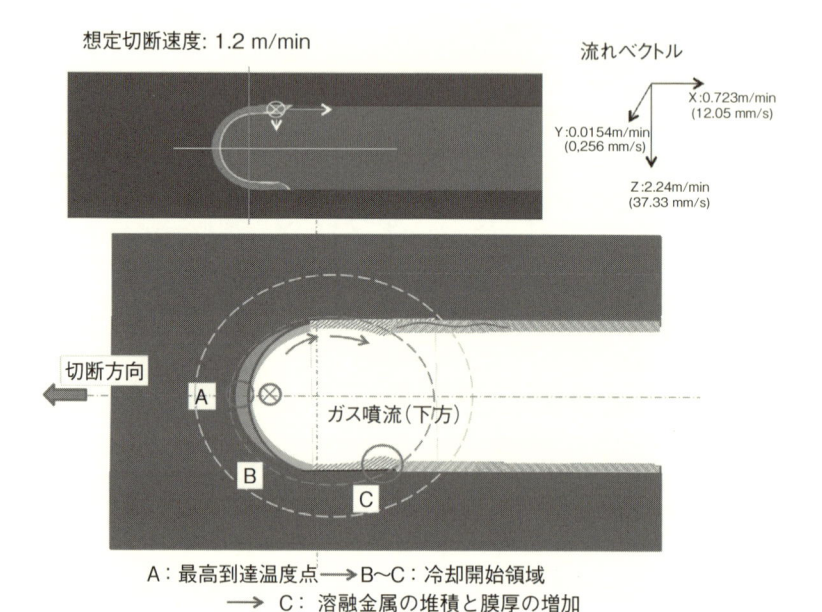

想定切断速度: 1.2 m/min

流れベクトル
X:0.723m/min (12.05 mm/s)
Y:0.0154m/min (0.256 mm/s)
Z:2.24m/min (37.33 mm/s)

A：最高到達温度点 → B～C：冷却開始領域
→ C：溶融金属の堆積と膜厚の増加

図4.10　切断溝内の周辺の溶融金属の流れに伴う冷却と堆積

説明のためにこれを図4.9に図示する。この溶融金属の流れは微小振幅の波として伝播する一種の「造波」のような役割を示すと考えられる。ただし、この波が条痕に一致するものではなく、単に横方向への移動の流れを起こす。溶融鉄の粘度は水の半分以下なので、溶融金属の流れは抵抗なく進行方向と逆方向にも流れる。壁面に沿った溶融金属の流れは粘性や表面張力をもち、側面へ流れる過程で、ビーム径が通過した直後に温度低下で冷却が始まり、湯の流れに滞りが起こる。

　参考のために、シミュレーションによる切断溝内の周辺の溶融金属の流れに伴う冷却と堆積を図4.10に示した。ガス噴流は画面に下方に流れ、溶融金属は周辺に迂回して流れる過程にすぐに冷却を起こすことが確認されている。滞った溶融金属が一定量だけ堆積するとアシストガスの噴流と自重により、その部分が下方に向かってもぎ取られるように剥離し流れ落ちる。剥離形状は浅い円弧状となる。いったんえぐられると、続いて壁面の溶融金属が一定量に達するまで進行するので、その間はえぐれによる剥離は生じない。この繰り返しで一定間隔にくぼみのような凹部が形成される。画面からは溶融金属が成長し、剥離し、消えていく過程で縦方向に条痕が確認できる。切断溝の側壁へ絶え間なく流れ続けるが、溶融金属はアシストガス噴流により周期的に剥離される。これが条痕を生成するメカニズムであると考えられる。観察に基づいた条痕の形成の様子を模式的に図4.11に示す。

②不安定状態におけるレーザ切断

　切断速度が1 m/min以下の低速となる領域では切断はやや不安定になることは、すでに述べたが、この速度域の挙動をみる。動画を抜粋したその一例を図4.12に示す。切断速度が800mm/minの場合で、切断は安定せずにフロントの挙動も不安定になり、規則的に先方がえぐれて切断フロントの先端部でレーザ照射による輝きは消え、しばらくして再度フロントにレーザビームが到着すると、先端部の輝きが戻るといった間欠的なフロントの発光挙動が見られる。ただし、レーザビーム強度に変化はなく、一定速度で進行している。

　比較的低速の領域では溶融領域が大きく発展するために、えぐれが大きく、切断は断続的に見えることがある。一定の速度で走行するレーザビームの先方

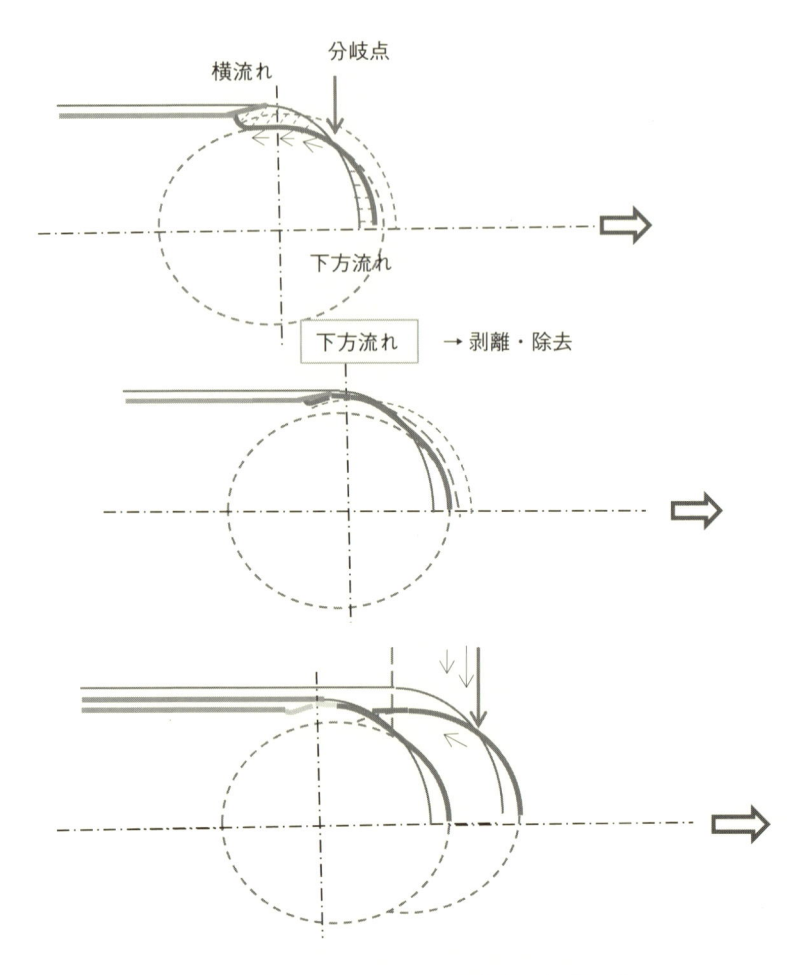

図4.11 切断フロントにおける条痕の生成モデル

に溶融領域が広がるが、その領域は切断速度によって異なる。シミュレーション計算による結果を**図4.13**に示す。

切断ではスポット径の後方で切断溝が生じることから、すべてムク（無垢）材の場合とやや異なることが考えられるため、計算では切断溝を想定した異なるギャップを入れて計算した。切断速度が比較的高速の2 m/min以上ではあ

4-5 切断加工の加工現象   111

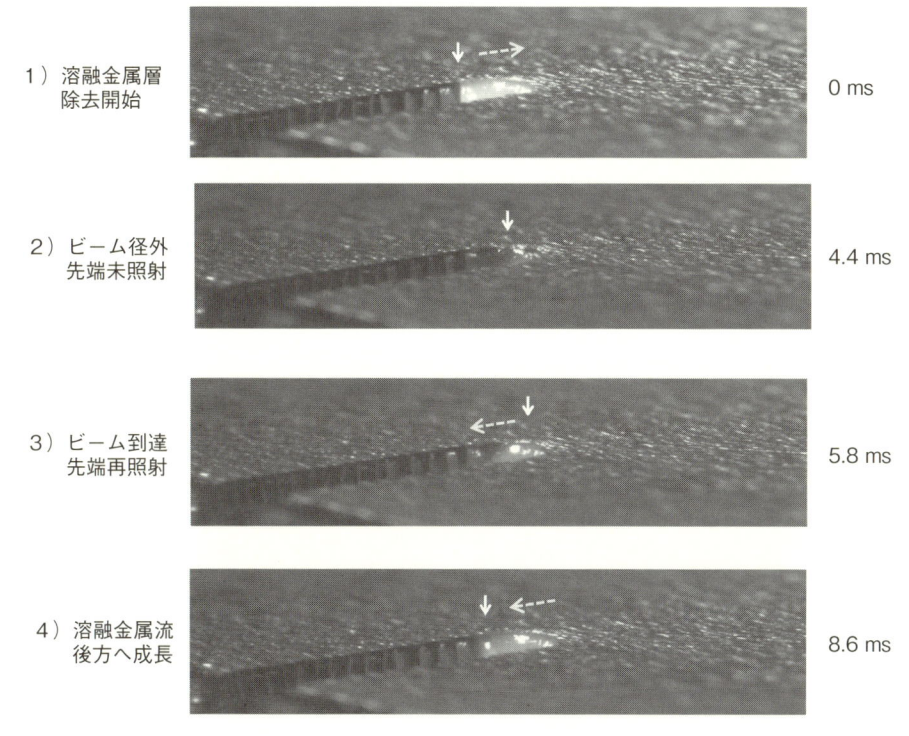

1）溶融金属層
　　除去開始   0 ms

2）ビーム径外
　　先端未照射   4.4 ms

3）ビーム到達
　　先端再照射   5.8 ms

4）溶融金属流
　　後方へ成長   8.6 ms

図4.12　不安定状態の切断フロントの撮影（F=800 m/min））

きらかにスポット径以内に溶融領域はおさまるが、切断速度が1 m/minより遅い速度領域では、ギャップがあってもスポット径の前方に溶融領域が大きく発達する。その量は切断速度と想定ギャップの大きさで異なる。

　このように低速切断時の切断フロントは、スポット径の前方に常時大きく溶融領域が発達するが、アシストガスが噴射される領域はそれよりさらに大きいため、溶融領域はガス噴流の運動エネルギーの影響を直接受ける結果となる。溶融金属は切断方向とは逆の後方に流れ出すが、後方では冷却が起こりはじめて、流れ出た溶融金属は表面張力によって壁面に滞留する。しかし、一定の量（長さと厚み）に達すると、ガス噴流直下では圧力100kPa前後のガス噴流の運動エネルギーによって、壁面の溶融部分がえぐり取られて崩落するという現象をきたす。大きくえぐられる部分は0.5mm以上でビーム径の外側にあるため、

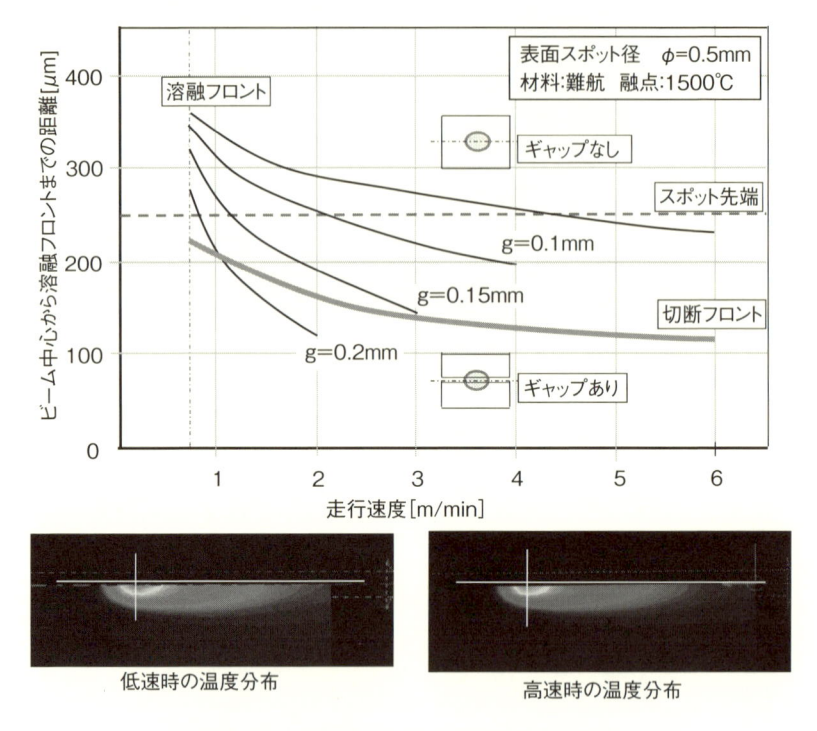

図4.13 速度変化に伴う溶融領域の変化

グラフ凡例: 表面スポット径 φ=0.5mm、材料:難航 融点:1500℃、ギャップなし、スポット先端、g=0.1mm、g=0.15mm、g=0.2mm、切断フロント、ギャップあり
縦軸: ビーム中心から溶融フロントまでの距離 [μm]
横軸: 走行速度 [m/min]

低速時の温度分布　　高速時の温度分布

直後にフロント部先端の輝度は消滅する。定速で走行するビームのスポット径がえぐられた先端表面に達すると、フロント表面部分は再び溶融・燃焼して領域を広げ先端部は輝き始める。この繰り返し現象が起こることから、一見したところ切断が断続的に見える。

　低速時に断続的に見えるのは、フロントでの燃焼が過度に進み溶融領域が大きいために、ガス噴流によってフロントがえぐれることによる溶融金属の崩壊現象で、切断フロントはいったん輝きが消滅し、燃焼が停止したかのように見えるのである。そのため、一見間欠切断現象のように見える。なお、溶融領域の崩落は金属のある量の堆積から生じることから、必ずしも定量であるとは限らない。

　低速切断時の切断フロントの様子を**図4.14**に模式的に示す。特に、低速時

はこの現象が条痕を生成するため、ピッチ間隔が異なることがある。

なお、条痕の発生は厳密には左右対称でない。酸化・燃焼反応で条痕が形成されると仮定すると、進行する方向に反応は左右対称になると考えられるが、レーザ切断で条痕が左右非対称となるのは、流体が円柱を通過する時に左右に分かれて流れて渦が交互に生じる「カルマン渦」の現象に類似する。流れ学的な現象のために左右対称とはならないことが考えられることから、条痕の生成は基本的に溶融金属の流れと剥離の現象であるということができる。

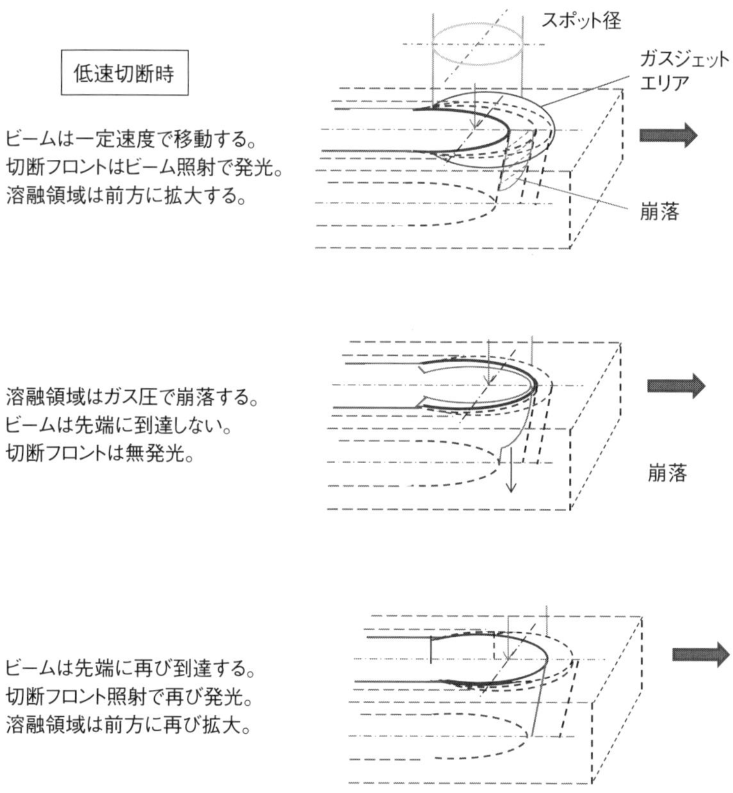

低速切断時

ビームは一定速度で移動する。
切断フロントはビーム照射で発光。
溶融領域は前方に拡大する。

スポット径
ガスジェットエリア
崩落

溶融領域はガス圧で崩落する。
ビームは先端に到達しない。
切断フロントは無発光。

崩落

ビームは先端に再び到達する。
切断フロント照射で再び発光。
溶融領域は前方に再び拡大する。

図4.14 低速時の溶融フロントの崩壊挙動

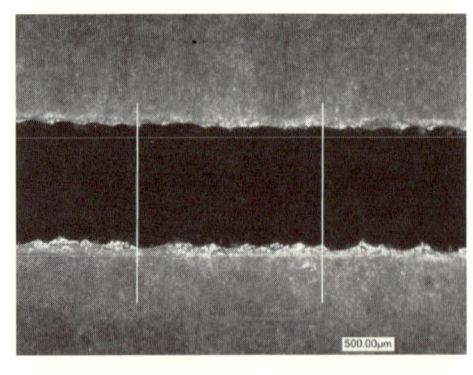

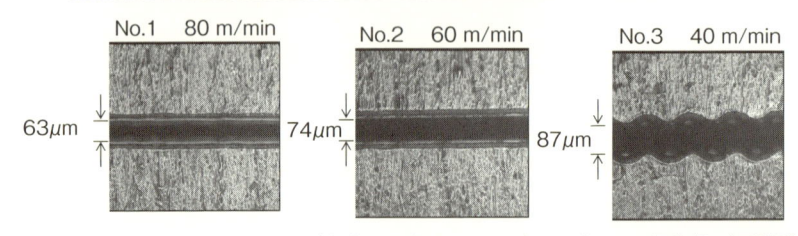

(参考：下段はファイバレーザによる極薄板の切断例)

図4.15　切断溝内にみられる左右条痕の非対称性

図4.15に実験で得られた板厚4.5mmの切断溝の拡大角際写真を示す。また、参考のために、下段にはファイバレーザによる極薄板の切断速度を順次変更した場合の条痕の変化を示す。すべて連続発振における切断溝の写真であるが、速度が遅いほど左右の条痕が非対称となることがわかる。なお、レーザ切断で強力なアシストガス噴流がない場合は、単に表面に溶融状態のラインが生じるだけである。

4.5.4　材料表面の温度ボリュームとフロントの除去量

材料表面にレーザビームを走行によりできる温度分布の3D表現を仮に温度ボリュームとすると、同じ出力のガウスビームであっても走行速度によって材料面に誘起される温度ボリュームは異なる。その様子を**図4.16**に示す。また、切断幅に相当する箇所を断面で示した。これは材料上で発生する熱源形状は切

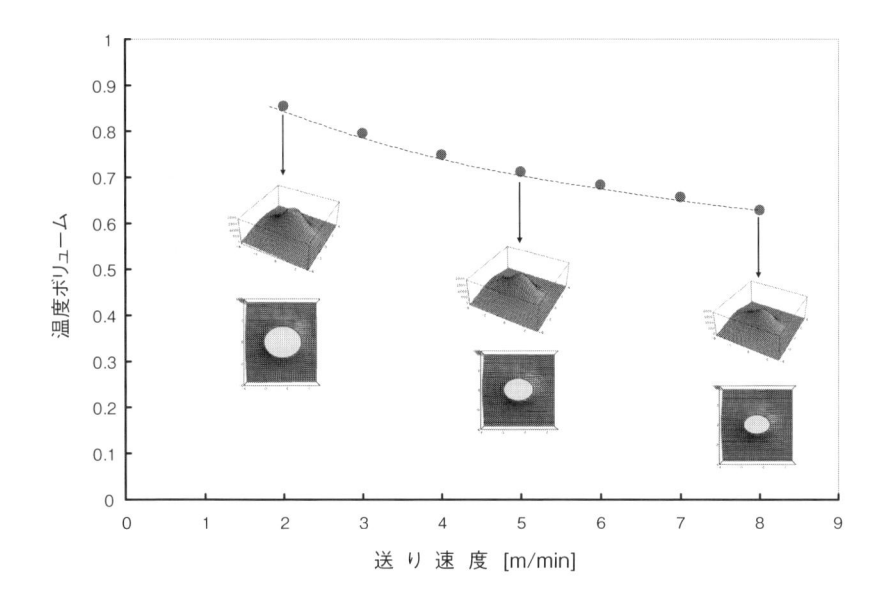

図4.16　切断速度変化に伴う表面温度ボリュームの影響

断速度によって変化することを示している。また、切断速度の変化に応じて光軸と切断フロントの距離は変化し、切断速度が増すと切断フロントは光軸により近づく。さらに、ガス噴流で強制除去される体積も変化する[7]。説明のために単位板厚（1mm）の場合で、速度変化に伴う光軸と切断フロントの距離と除去体積の関係を図4.17に図示する。

低速時では最初に発生する当初の溶融領域は大きいが、低速のためガス噴流の滞留時間が相対的に長くなり、溶融領域は崩落するので結果的に先端で残留する溶融層は薄くなり、移動する側面の溶融領域は大きいままで熱影響層も拡大する。反対に、高速時には溶融領域は先行するものの相対的な速度が速いため、ガス噴流による除去量は少なくなるとともに先端での溶融層は厚くなり、側面の溶融領域は小さく熱影響層は少ない。

図4.18にはこの説明のための図を示す。なお、これはレーザ切断において留意すべき非常の重要な事項である。

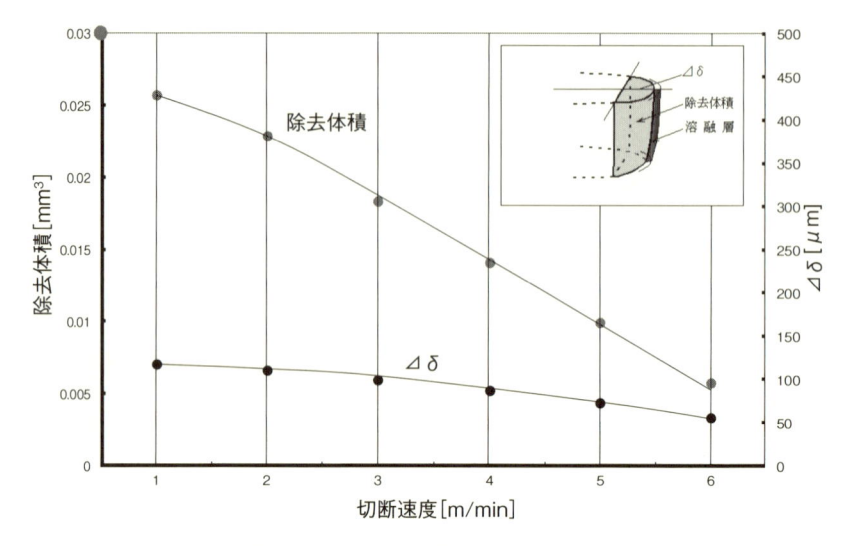

図4.17 切断速度変化に伴う除去体積と切断フロントとの距離

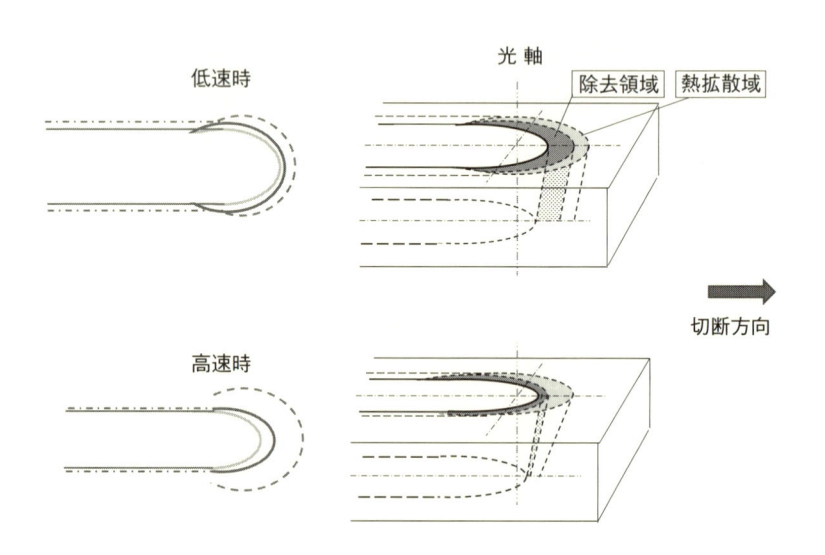

図4.18 速度の異なる場合の、速度変化に伴う溶融領域の変化

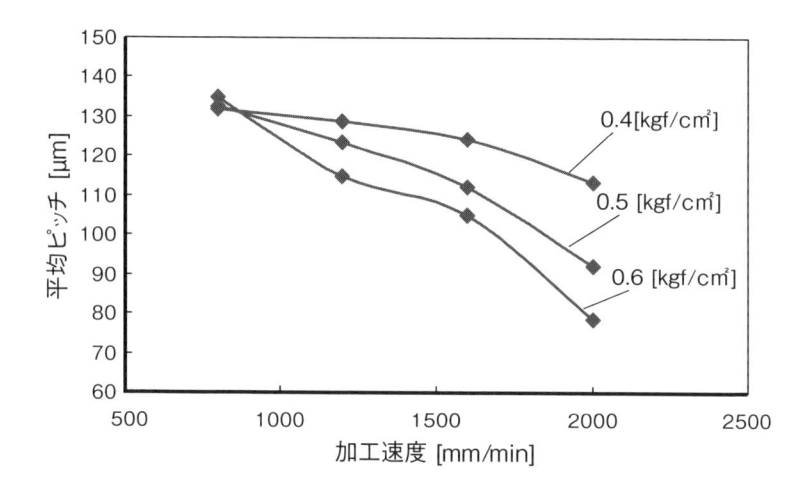

図4.19 切断速度と条痕ピッチの関係

4.5.5 切断速度に対する条痕ピッチの影響

　レーザ切断面の上部には速度に応じた条痕が形成されるが、その間隔は板厚が厚く切断速度が遅いほど大きく、板厚が薄く切断速度が速いほど間隔は小さくなる傾向にある。切断速度と条痕のピッチ（間隔）の関係の一例を**図4.19**に示す。図ではレーザ出力は2kWで、アシストガスの圧力をパラメータとした。条痕ピッチは切断速度が速くなると狭くなる。また、アシストガス噴流が強いと、ピッチは若干小さくなる傾向がある。なお、測定値は材料や装置によってばらつきをもつが、傾向を視覚的にとらえる意味で切断面のピッチの測定の一例を**図4.20**に示す。

　レーザ切断では、薄板から厚板まで、あるいは低速から高速の切断領域の間で、一定の規則性をもった縦方向の条痕が切断面の表面付近に生成される。この盛り上がった条痕の間隔は、厳密には一定ではないがほぼ揃っている。これを面粗さ（surface roughness）とみなした場合、面粗さはアシストガスの圧力や酸素純度に影響されることは実験的に知られている。切断速度に対する条痕高さの影響を**図4.21**に示す。材料の上段の面粗さは切断が増すにつれて低下するが、材料中央部ではほとんど差がなく、下段では面粗さは大きくなるが

118　第4章　レーザ切断加工

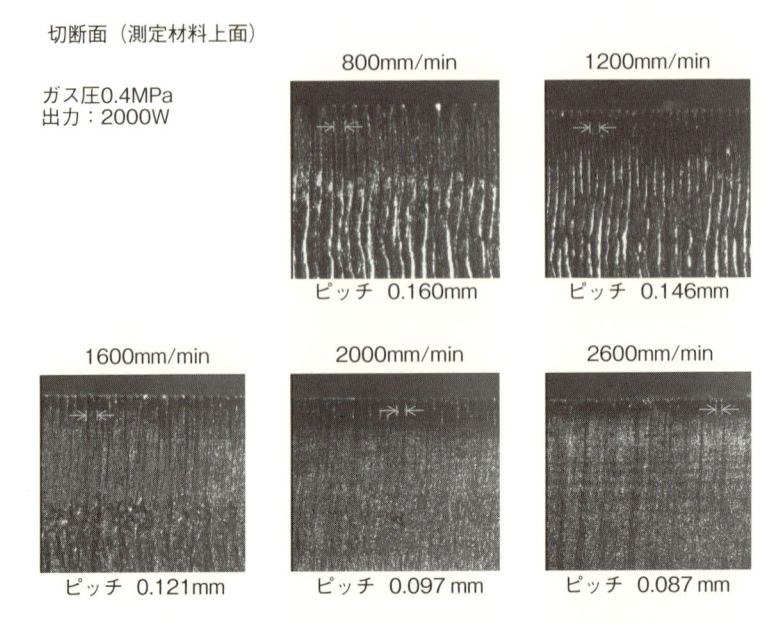

切断面（測定材料上面）

ガス圧0.4MPa
出力：2000W

800mm/min　ピッチ 0.160mm

1200mm/min　ピッチ 0.146mm

1600mm/min　ピッチ 0.121mm

2000mm/min　ピッチ 0.097mm

2600mm/min　ピッチ 0.087mm

図4.20　切断速度による条痕ピッチ変化の切断面写真

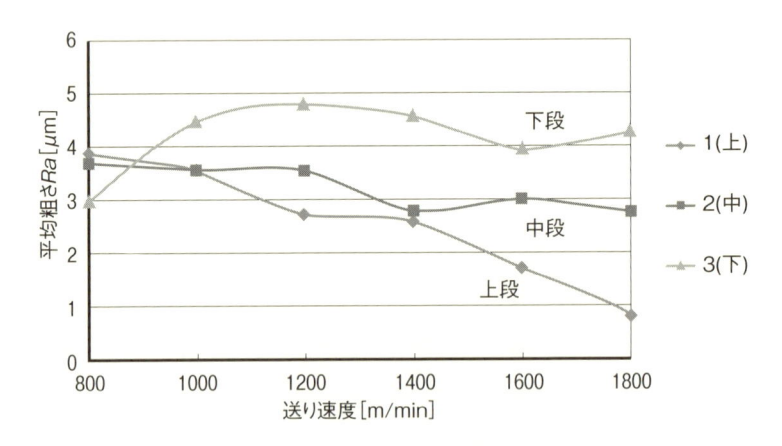

図4.21　切断速度と平均粗さの関係

4.5.6 切断フロントの温度分布と熱拡散[10, 11]

　溶融膜厚を形成する切断フロントは、切断速度が変わると熱源中心となる光軸との位置関係においても変化する。正確には切断フロントの位置はシミュレーションで算出されるが、光軸と切断フロントの距離は、切断速度が遅いと熱源およびガス噴流の関与時間が長くなることから、より多くの溶融金属が除去され広がり、切断速度が速くなるにつれて、熱源中心と切断フロントの距離は接近する結果となる。板厚1mmの場合で切断フロント位置での温度計算を行った例を**図4.22**に示す[6]。これによれば、切断速度が1m/minの場合では切断溝幅は大きくなり、切断フロントでの溶融膜厚は狭くなり、境界温度は1500℃に近いが、切断速度が6m/minの場合では、反対に断溝幅は小さくなり、切断フロントでの溶融膜厚はむしろ厚くなる傾向なり、境界温度は1900℃近くまで達する。換言すればレーザパワー密度が高く、溶融膜厚が厚いことが高速加工を可能にしている。

　切断フロントの温度の推算[10]を示したように、フロントでは切断速度は遅いほど溶融膜厚は薄く、切断速度が速いほど溶融膜厚は厚いことをあきらかに

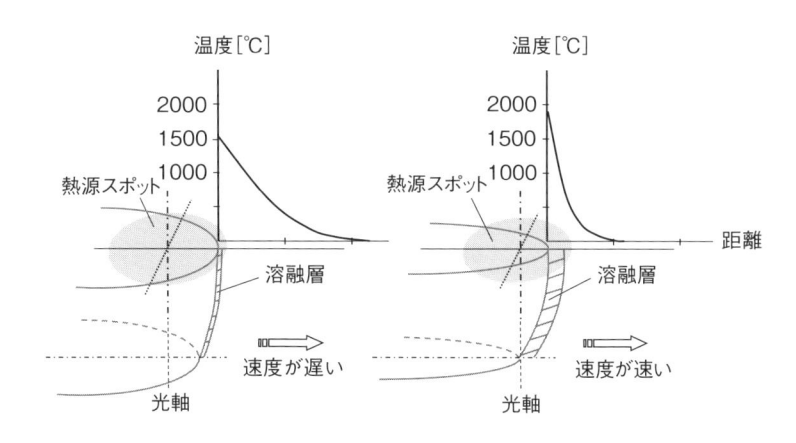

図4.22　切断速度に対する切断フロントの状態

した。それを別の視点から検証する。一定時間内 t に拡散する粒子の平均距離は、拡散係数を D として次式で与えられる。

$$\bar{x} = \sqrt{2Dt} \tag{4.1}$$

ここで、主にレーザ熱源によって形成される溶融膜厚 Δr は、x 方向に進んだ拡散距離と考えられるので、x = Δr、t = τ とすると

$$\Delta r = \sqrt{2D\tau}$$

これを微分して、

$$\frac{d}{d\tau}(\Delta r) = \frac{d}{d\tau}\sqrt{2D\tau} = \frac{1}{2}\sqrt{\frac{2D}{\tau}}$$

(4.1) 式より

$$\begin{aligned}\frac{d}{d\tau}(\Delta r) &= V_x = \frac{D}{\Delta r} \\ D &= \Delta r \cdot V_x\end{aligned} \tag{4.2}$$

切断が維持されている場合、進行方向を x 軸にとると切断フロントでの溶融拡散速度 V_x は送り速度 F に等しくなければならないと考えられるので、

$$D = \Delta r \cdot F \tag{4.3}$$

(4.3) 式は一定の範囲で、拡散係数 D は切断速度と溶融膜厚の積で表される。また、拡散係数 D は定数でもある。その結果、レーザ切断速度が遅い（小さい）ときは溶融膜厚が大きく、切断速度が速い（大きい）ときは溶融膜厚が小さいことを示す。ただし、この場合はアシストガス噴流の影響を考慮していない。

フロントではアシストガス噴流の影響が強まる。すなわち、切断速度が遅いほど溶融金属を除去するためのガス噴流の関与時間が長いので、かえって薄くなってしまう。しかし、切断面（側壁）では、切断速度は遅いほど溶融量は大

きいため、切断壁面での溶融層や熱影響層は大きく、切断速度は速いほど溶融量は小さく、切断壁面で形成される溶融層や熱影響層は小さい。したがって、溶融量は切断速度に依存するが、切断速度が遅い場合にはフロントで両サイドに分かれて流れ出る溶融金属の量は多いことから先端の膜厚は薄いものの、両サイドの溶融金属で形成される膜厚は厚くなり、条痕のピッチも大きくなる傾向をもち、反対に、切断速度が速い場合には、フロントで両サイドに流れ出る溶融金属の量は少ないことから先端の膜厚は厚く、両サイドに流れ出る溶融金属で形成される膜厚は薄くなり、その条痕のピッチも小さくなる傾向をもつとしている。このように、切断加工におけるビームスポットと光軸およびフロントにおける変形熱源の位置関係は切断速度によって変化する（図4.18参照）。

④-⑥ 切断の限界速度

　レーザ切断を推進するためのエネルギーは、レーザ熱源による直接のレーザエネルギーE_{lp}と、加工のアシストに同軸噴射される酸素ガスによって促進される燃焼（酸化）による反応エネルギーE_{cr}であることはすでに述べた。ただし、ここでのエネルギーは入熱エネルギーそのものではなく、切断フロントに直接関与するものとなる。また、酸化反応は厚板になるほどその割合は大きくなる。

　酸化による反応熱は前出の式（2.22）から計算され、発熱量はレーザが照射され除去される溝部分の体積から1 mole当たりの発熱量として計算される。鉄の単位時間当たりの発熱量は約1.232kJ／sec程度である。一定の条件下で、材料と板厚が決まり切断速度が固定されると、反応エネルギーは一定の値となる。

　切断を行うためには、切断フロントが少なくとも溶融温度以上に達する必要があるが、溶融温度T_mに達するためのレーザエネルギーPは、ビームが一定の切断速度Fで材料のx方向に移動した場合、以下の式で表わせる[11]。

$$P = \frac{2\pi\lambda t^* T_m}{Exp\left(-\dfrac{Fx}{2\alpha}\right) \cdot K_0\left(\dfrac{Fb}{2\alpha}\right)} - Q \tag{4.3}$$

ここで、λ：熱伝導率、α：熱拡散率、F：切断速度（m/min）、b：切断溝幅（mm）、K_0：0次の第2種変形Bessel関数である。

前出のように、レーザエネルギーE_{lp}と酸化反応で発生するエネルギーE_{cr}で、Q_0は酸化反応熱（W換算）となるが、E_{lp}を任意の速度で切断しているときに必要なエネルギーPとし、E_{cr}を任意の速度で切断しているときに鋼板から発生する反応エネルギーをQとした。

式（4.3）における板厚は薄い場合に成立する。なお、薄板でない場合の板厚t^*は単純比例ではなく、見かけの板厚などを考慮する必要がでてくる。

この結果から、レーザによる入熱エネルギーは切断速度によって増加するが、速度が一定以上になってくると関与する割合が減少する。同様に酸化エネルギーは板の切断限界に近づくと、溶融が十分行われなくなり減少する。しかし計

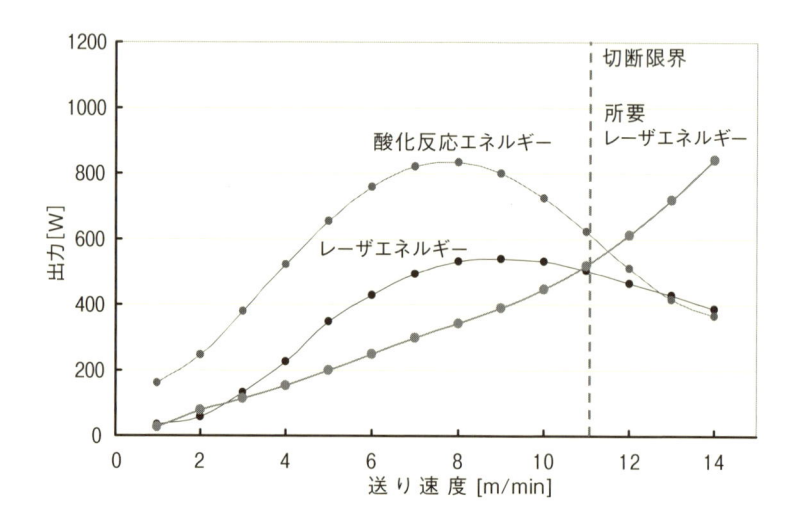

図4.23　切断速度に伴う関与エネルギーの状態

算では、これを十分に溶かし、溝から溶融除去して排出させるために、必要なレーザエネルギーは速度が増すにしたがって指数関数的に増加する。板厚1mmの軟鋼の場合、計算ではレーザ出力が切断速度11m/minで必要エネルギー以下となった。この点は切断の限界速度に一致する。少なくとも切断に要する必要エネルギー以上にないと切断ができないことを示している（図4.23）。なお、実験ではアシストガスの酸素純度は99.5％を想定している。

4-7 切断とドロスの生成

　レーザ切断における「ドロスの生成」は常に付きまとう問題である。切断フロントでの溶融金属の生成に伴って、その流れがアシストガス噴流にどのように影響されるのかは明確でなかった。また、材料面では膜厚となる溶融金属の温度、粘性係数、母材の剥離性、ガス噴流の速度、フロント形状など、関連因子が多様であるため、数学理論で一意的に定まるほどには簡単ではない。したがって、シミュレーションによる解析方法に従う。

　切断速度とともに変化する切断フロントの形状を得るために、実際に切断加工を行った。サンプルはCO_2レーザを用いて1.2mmの軟鋼を、送り速度は1～13m/minまでの間で切断し、切断を途中で切断を止めてその断面を切断方向に分割し、形状を観測・測定した。加工条件は、出力は1kW、ガス圧力1～3barで1mmのワークディスタンス（work distance：材料とノズル間のギャップ）をとった。

4.7.1　切断フロントの断面

　切断フロントの断面は、速度が遅い場合には連続的でフロント曲線を得られるが、切断速度が速くなると切断フロントの形状が素直なカーブ曲線を得られず、曲線は大きく波打っている（凸凹になる）。これは、加工機のレーザ発振を急に止めても、レンズを保護するために、数秒置いてからアシストガスが停止するために、溶融面に強力なガス噴流が作用するために生じるものである。そのため実際の形状はラインで描いたようにカーブする。このことは、切断中

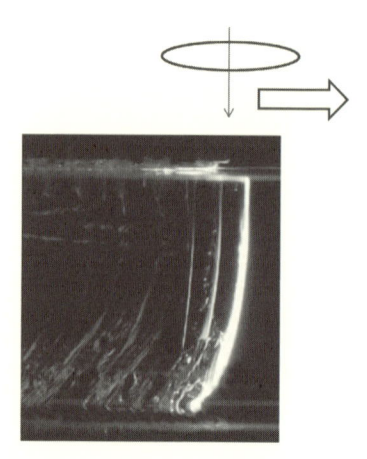

図4.24 切断フロントの形状（溶融石英の透過写真（参考））

のX線観察でも観察されており、すでに知られている。ここでは透過性のよい溶融石英をYAGの第2高調波で切断したときの切断写真を図4.24に示す。切断フロントが後方に湾曲している様子を見ることができる。速度によってこの湾曲する割合は異なる。実測に従った速度別の代表的な切断フロント形状を図4.25に示す[9]。切断速度が遅いほど溶融金属はガス噴流によって流され、切断フロントの傾斜は切り立ってくるが、その反対に切断速度が速くなるとフロント傾斜は大きく後方に流れる。

4.7.2 溶融金属の流れベクトルで切断面を上から見る

図4.26には、板厚方向のある平面における溶融金属の流れベクトルで切断面を上から見ているものであるが、計算では左右対称なのでその片半分を示す。ドロスの発生しない切断速度である7m/minの場合と切断速度11m/minの場合について、観察断面を変えて上から順に表現した。その結果、ドロスの発生のない7m/minの場合には流れベクトルはほぼ内側か軸に平行に流れている。すなわち、溶融金属は下面に向かっているが、ドロス発生の予想される切断速度11m/minの場合については、上面中央ではベクトルは軸に平行に流れているが、中間面の周辺からはベクトルは左右に離れていく。

a) フロン形状

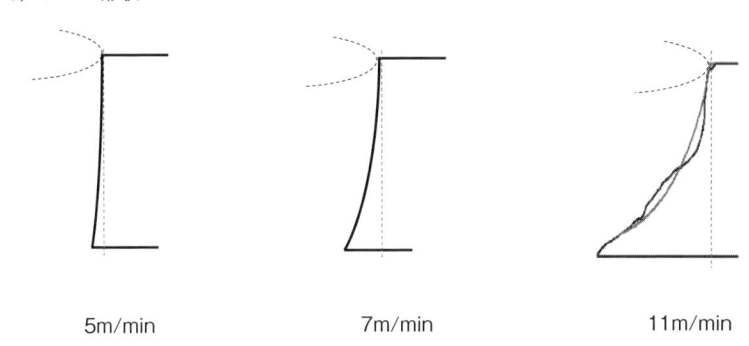

5m/min 7m/min 11m/min

b) 3D表示

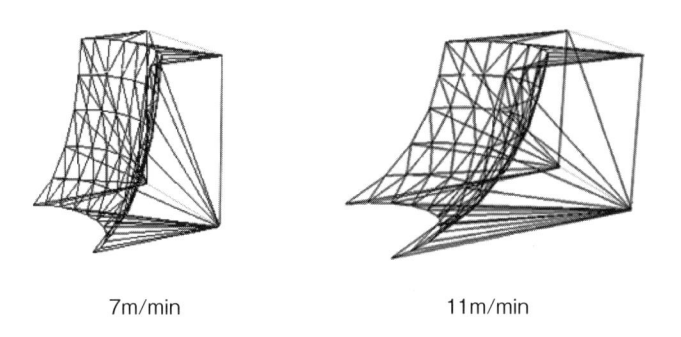

7m/min 11m/min

　このことは下に向かうにつれて外側両サイドに流れることを意味する。溶融膜の周わりの長さである溶融長が、上面より下面の方が２～３％程度小さいことから、切断フロントの曲率が大きくなり流速が低下した上に、板の底面の幅が拘束条件となって溶融金属が左右に逃げるものと思われる。
　切断によって形成される切断溝の両サイドの側面傾斜（テーパ）からは、計算上溶融金属の滞留がなくドロスが発生することはない。その結果、ドロスの形成は、切断フロント近傍のドロスがビーム通過後に側面に回り込むことによる結果である。したがって、アシストガス噴流の圧力、流速および流量にもよるが、ドロス発生のメカニズムは、切断速度により形成される切断フロントの溶融金属の流れに左右される。

(a) F = 7m/min   (b) F = 11m/min

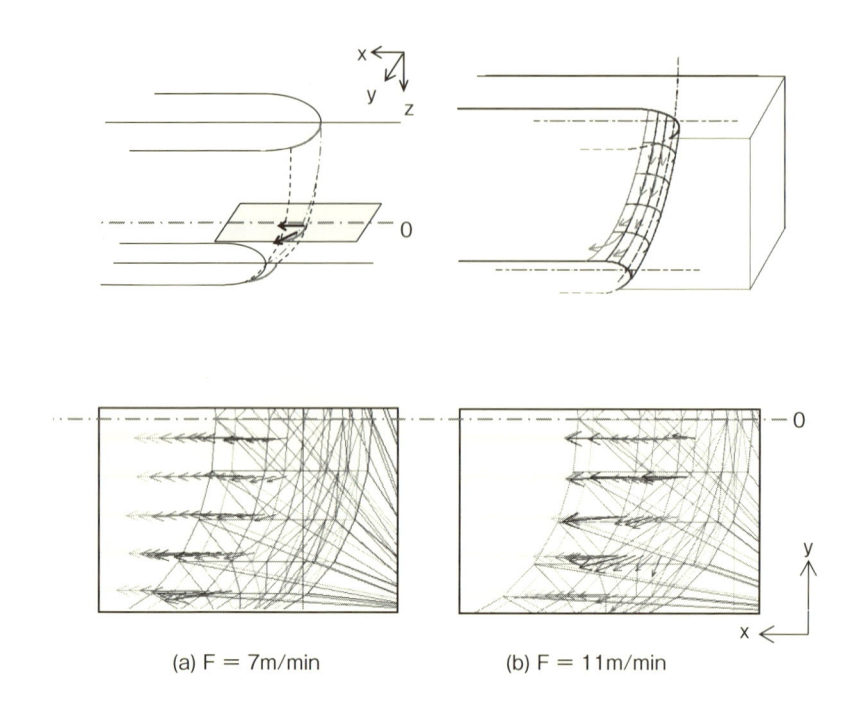

図4.26　溶融金属の速度ベクトル

❹-❽　フロント形状のCAD化とシミュレーション

切断フロントの形状は、実際に加工した板厚1.2mmの軟鋼のサンプルを溝の中心で切断方向に分割し、形状を観測・測定した。得られた切断フロントの形状に基づき、3次元化したCAD図を作成し、シミュレーションの計算画面に挿入した（図4.25参照）。このようなモデルを作成して、溶融金属層を表面に設けて2層流計算を行い、ガス噴流と溶融金属の流れの関係を検証した。なお、溶融金属の層内における動粘性係数は一定ではない、溶融層内の酸化の度合いが異なることから、より実態に合わせてビームを接する面から母材側へと動粘性係数を$0.5\times10^{-2}\sim0.5 cm^2/s$（溶融鉄から固体付近）まで連続的に変化させた。計算は光が進行する切断フロント近傍で行った。

アシストガスの流れと溶融金属流れの計算には、有限体積法の汎用解析コードを用いて計算を行った。このソフトは、質量、運動量、エネルギーなどの保存式を、定常または非定常計算で基本的には3次元的にも解くことができる。また流れ場の質量・運動量・エネルギーなどの保存方程式を複数組み合わせて解くことができる。

4.8.1 切断速度に対するガスの流速分布

シミュレーション計算のためのCADモデルを図4.27に示す。図中で左側が計算のためのワイヤーフレームモデルで、右側は実態を示すソリッドモデルである。板厚を1.2～3.2mmの切断における溝内と、その近傍におけるガス圧と流速分布をみる。図4.28は板厚の変化にともなう圧力の分布で、入口は1.6bar（=1.6×10^{5}Pa）であるが、中央部と出口は、板厚が大きくなり切断幅がやや増加することにともなって圧力は大きくなる。ガスの流入が容易になることにもより内部圧力は増大する。また、図4.29は切断溝内部の流速分布であるが、板厚の増加とともに中央部と出口の流速は低下する。圧力が高い分だけ流速は落ちることによる。溝内部の流速分布は、板厚が厚いほど後方へは行かずに下方に流れる様子がわかる。

板厚とガス圧が一定の場合、切断速度は増加すると、フロントでの抵抗を受

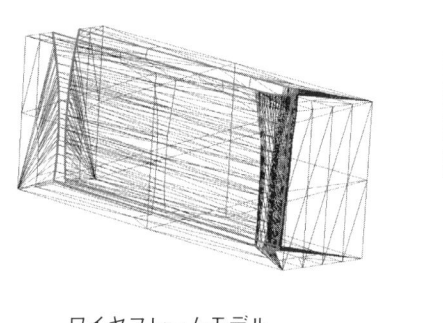

ワイヤフレームモデル　　　　ソリッドモデル
　　（計算）　　　　　　　　　（実態）

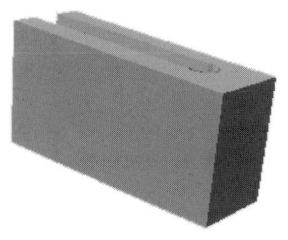

図4.27　計算のためのCADによる形状モデル

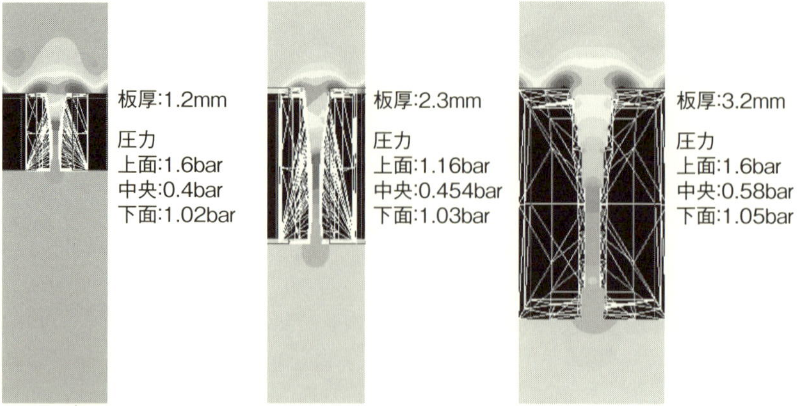

図4.28 板厚別の溝内の圧力分布

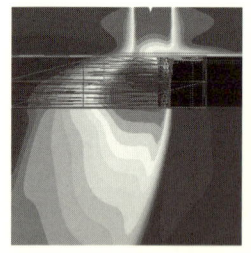

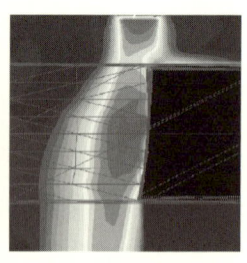

図4.29 板厚別の溝内の流速分布

けて圧力は上昇し、溝内のガス噴流速度は高速から低速に推移する。光軸と同軸のアシストガスの中心は切断速度が高速になるにしたがって、より材料側に材料側にシフトするとともに、ガス圧力はフロントエッジの部分で高くなり、溝内のガス噴流速度は低下する。

　以上のように、切断速度が遅いほどベクトルは下向きであり、切断速度が速くなるに従って噴流ベクトルは切断後方に向く。その結果、実加工でも切断速

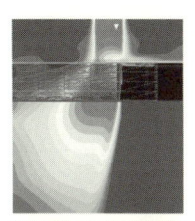

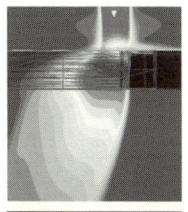

材 質：SPCC
板 厚：1.2mm
出 力：1kW CW
レンズ：5インチ

切断速度：3m/min　　　　　　　切断速度：6m/min

図4.30　切断速度とガス流のベクトルの変化

度が速いほど溶融金属の飛散（火花）は後方に広がる。板厚は1.2mmで1kWの場合を例にその様子を図4.30に示す。

4.8.2　溶融金属の流れ密度分布

ドロスフリーは溝内で溶融金属の排出がスムースに行われることで達成される。図4.31には、定常のドロスフリー切断である切断速度が7m/minの場合と、ドロスが発生する切断速度である11m/minの場合で、溶融金属の流れ密度を比較した。流れ密度が濃い方が溶融金属の集まりを示し、全般に薄い方が滞留のないことを意味する。図では下方に流れ出す溶融金属の時系列的な挙動の一部を示した。これによると切断速度が遅く、フロント形状が切り立っている切断速度が7m/minの場合は、流出速度は速く通過時の密度は薄く、ほぼ均一な密度を保ち流れる様子を見てとれるが、フロントがなだらかに変化している切断速度が11m/minの場合には、流出速度が遅くなり、溶融金属の流れる滞留時間も長くなることから密度が高い箇所が発生し、溶融金属の堆積が起きていることを示している[9]。

F= 7m/min   F= 11m/min

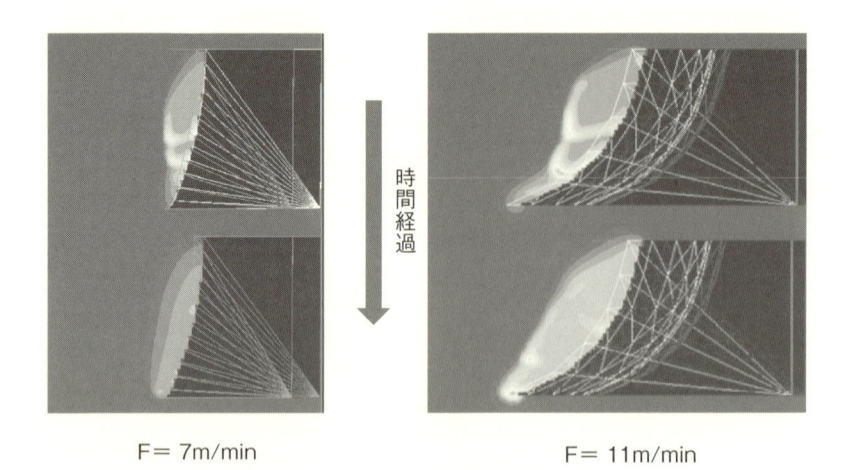

図4.31 速度変化に伴う溶融金属の流れ密度の変化（密度分布）

4-9 パルス発振での切断

　パルス発振（Pulsed oscillation）のレーザ切断では、パルスの発振ごとに加工が行われる。パルスは2.6.2（52頁）で示したようにオーバラップで照射されたレーザ光で加工される。その結果は、切断フロントの形成と条痕のピッチはパルス発振周波数に依存し、照射時間（ON時間）に照射されてフロントの溶融が進行し、停止時間（OFF時間）には燃焼が止まるという間欠的な切断が行われる。

　その高速度写真の抜粋を図4.32に示す。パルス・オンで発光し瞬時にフロント周辺部は下方に流されるとともに、赤熱した溶融部分が残留し、微小距離だけ側壁で移動するが、その後は冷却して酸化反応は止まる。パルス発振の加工条件は、周波数f=1000Hz、デューティ比 D=40% 切断速度F=1200mm/minで、パルスの繰り返し時間は約2.2msである。発熱時の余熱と走行で溶融膜は多少シフトするが、パルスに関してはON時間にフロントが発光すると同時に加工され、OFF時間は発光が停止し加工が止まる。すなわち、パルス・オン時間とOFF時間で間欠的な切断加工となる[5, 8]。パルス切断のシミュレーショ

F=1200 mm/min

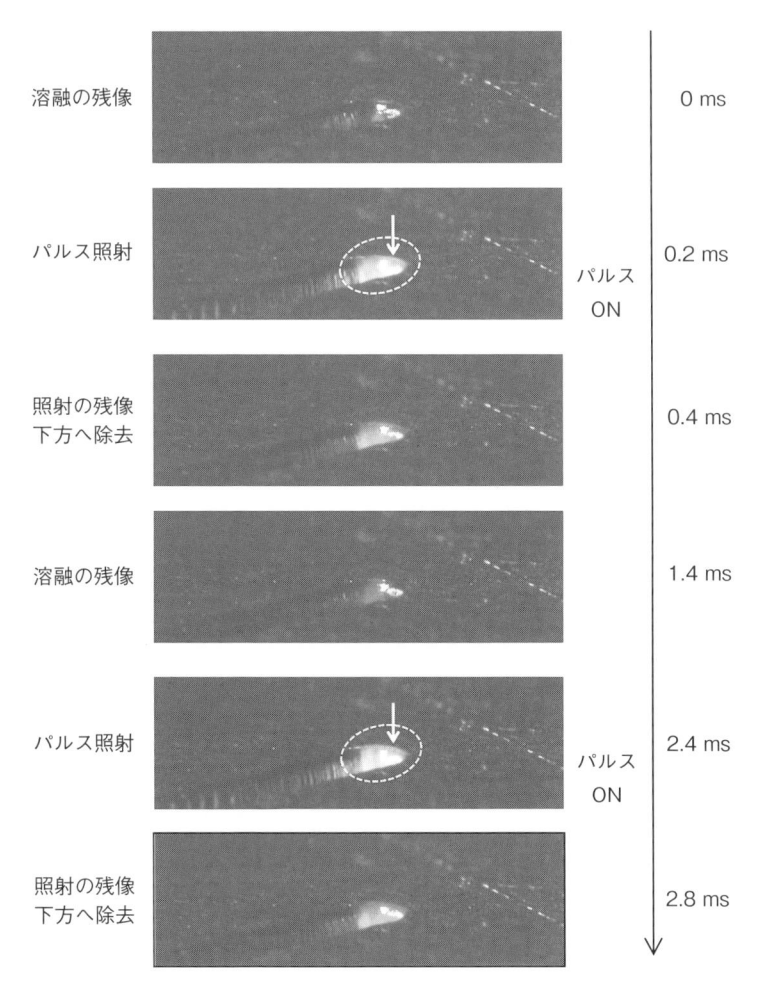

溶融の残像		0 ms
パルス照射		0.2 ms　パルスON
照射の残像 下方へ除去		0.4 ms
溶融の残像		1.4 ms
パルス照射		2.4 ms　パルスON
照射の残像 下方へ除去		2.8 ms

図4.32　パルス切断によるフロントと条痕の形成

ン結果の例を図4.33に示す。これは軟鋼1mmの場合の例で加工条件は、出力1kWで切断速度が1.08m/minで、この時のビームのオーバラップ量は50％である。

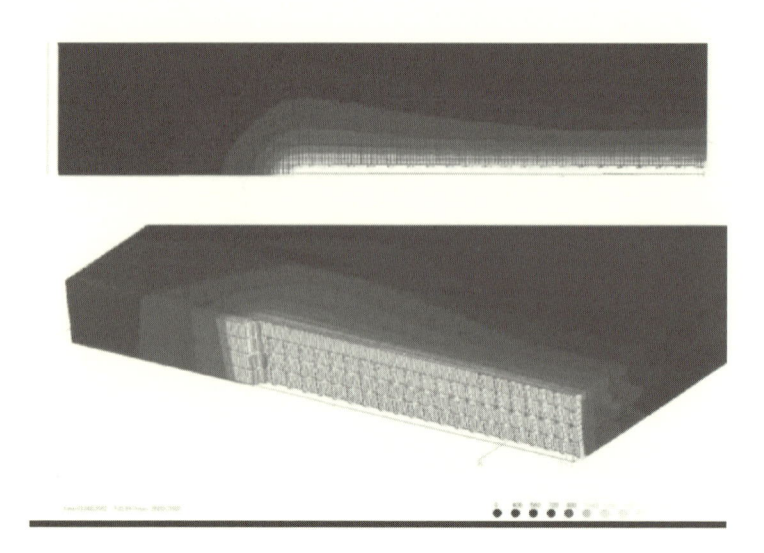

図4.33　パルス切断のシミュレーション

4-⑩ レーザ切断の加工事例

　切断加工技術は歴史的にも古く多くの方法がある。参考のために、従来の各種切断加工法とレーザ切断を切断性能で比較したものを図4.34に示す。レーザ加工は薄板、中厚板、精度、溝幅が特に優れている。その上、フレキシビリティーに優れているため、レーザ加工は多くのメリットがある。なお、レーザ切断には多くのパラメータがある。そのレーザ切断加工の切断品質におよぼす特性要因図を図4.35に示す。

　切断性能は発振器からの光路の長さにより異なる。出力鏡からの距離を光路長といい、この光路長は加工特性を左右する。図4.36には軟鋼の出力と切断特性を示した。加工機はテーブルサイズやシステムの大小によって光路長が異なる。この加工機や加工システムの大小によって異なる切断性能の差を図4.35に示した。

　光路上にコリメータなどを設けない限り、ビームの光路長が長くなるとビー

加工種類	レーザ切断	プラズマ切断	ガス切断
対象材料	金属全般 軟鋼、ステンレス鋼、 アルミニウム、銅合金、非鉄金属 非鉄金属全般	金属全般 軟鋼、ステンレス鋼、 その他非鉄金属	金 属
適用最大板厚 (軟鋼)	40mm	150mm	4000mm
薄板 (14mm以下)	◎ F10000mm/min(t1.0mm)	× 精度、速度面で適さない	× 精度、速度面で適さない
中厚板 (t12mm未満)	◎ F3000mm/min(t6.0mm)	◎ F3000mm/min(t6.0mm)	△ F800mm/min(t6.0mm)
厚板 (t25mm未満)	○ F700mm/min(t19.0mm)	◎ F1500mm/min(t19.0mm)	△ F400mm/min(t19.0mm)
極厚板 (t25mm以上)	× 加工不可(t50.0mm)	○ F250mm/min(t50.0mm)	◎ F300mm/min(t50.0mm)
精度	◎ 誤差 0.15mm以下	○ 誤差 0.5〜1.0mm	× 誤差 1〜2mm 入熱、歪み大
溝幅	◎ 約0.1mm(t16mm)	× 約5mm(t16mm)	○ 約2mm(t16mm)
長所	・高精度加工可能 ・熱歪み小	・ポータブル使用可能 ・比較的安価	・多数トーチの使用可 ・極板厚の切断可能 ・ポータブル 使用可能
短所	・ピアシング長い ・加工品質：表面状態に依存	・電極、ノズルの消耗が早い ・切断幅大 ・テーパ ・粉塵発生大	・切断歪み大 ・切断対象物限定

図4.34　各種切断加工法の性能比較

ム径は自然に広がり、その広がった径をレンズで集光すると最小スポット径が小さく絞れることになり、さらにレンズから集光点までの距離が短くなる。その結果、厚板の切断範囲が制限される。これが同一のレーザ出力でも加工性能に差が生じるゆえんである。

4.10.1　薄板の切断加工

　薄板では特にサン幅や切断溝のスリット幅を小さく抑えたいことがある。この場合にはスポット径を極力小さくする必要がある。現在ではビーム成形技術が発展しているが、基本はレンズの焦点距離を短くすることで得られる。同じレーザ出力ならば単焦点レンズを用いることで、切断速度を速めることが可能

134   第4章 レーザ切断加工

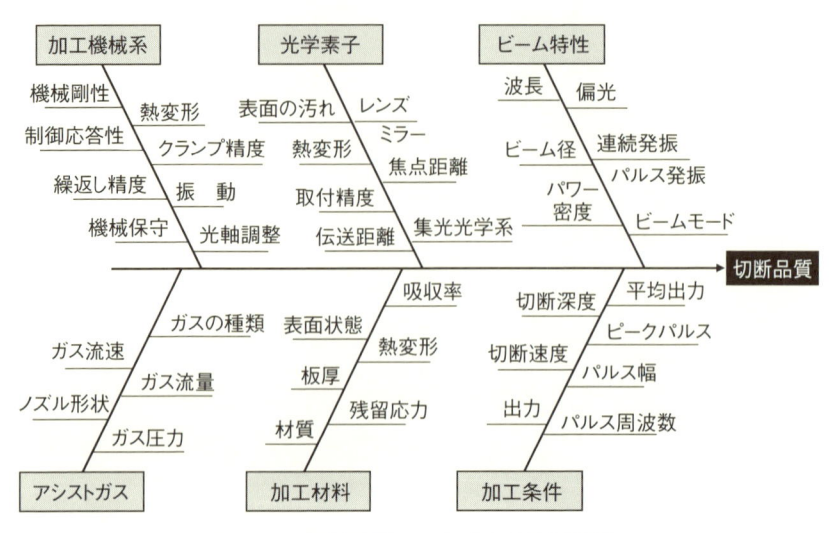

図4.35 切断品質におよぼす特性要因図

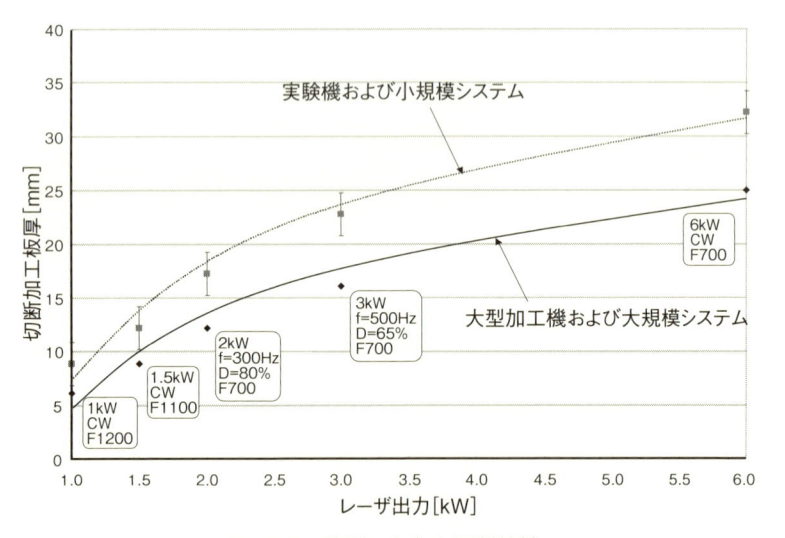

図4.36 軟鋼の出力と切断特性

である。ただ、この場合には切断可能な板厚に限界がある。すなわち、スポット径を絞ればそれだけエネルギーが小さい範囲に集中し加工のスピードを上げることができるが、板厚は薄い範囲に留まることになる。この関係を**図4.37**に示す。

　レーザ切断では、単に切れることと分離できることと、きれいに切れることを区別している。レーザ切断は切断品質が重要である。出力と切断速度のドメインで切断品質をマップに表すと方法がある。**図4.38**に切断品質における出力と切断速度の関係を示す。ここでの出力は1kWであるが、これによれば出力が小さく切断速度は速い場合には、溝切り状態のガウジングジンの現象が起こる。レーザ切断は、エネルギーバランスであるために、一定以上の出力があり、速すぎもせず、遅すぎもしない範囲が存在する。下面に付着する金属溶融

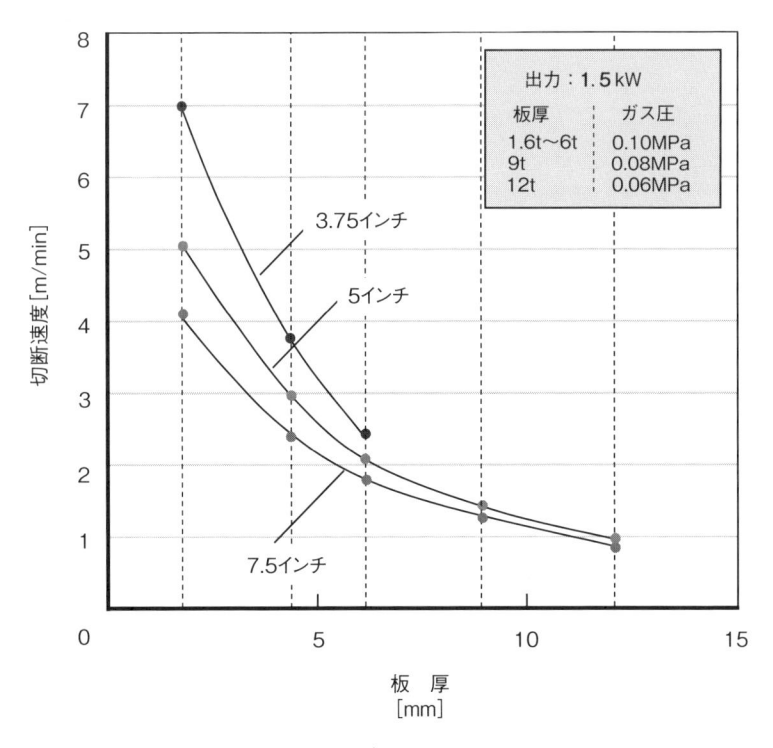

図4.37　レンズ焦点距離の影響

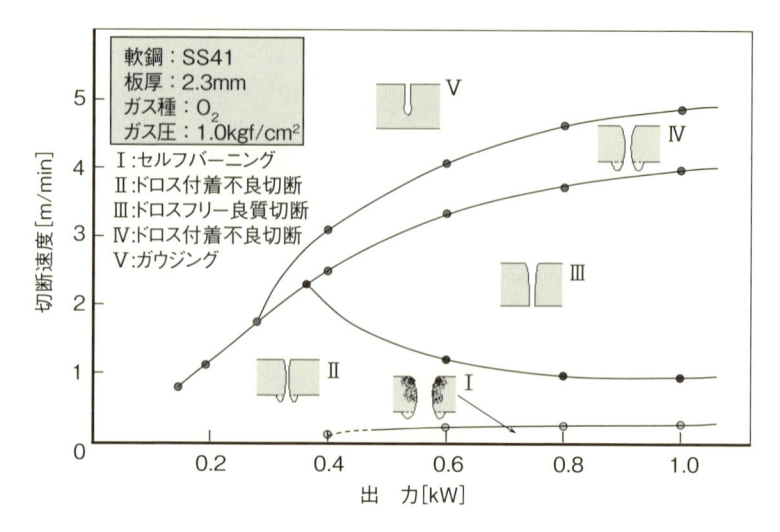

図4.38 切断品質における出力と切断速度の関係

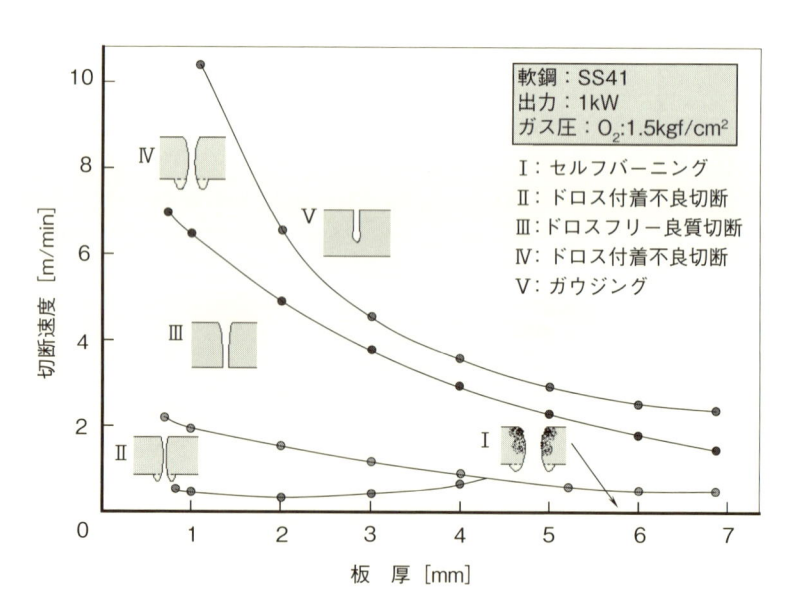

図4.39 切断品質における板厚と切断速度の関係

物をドロスと称しているが、このドロスの付着がない最適な切断の範囲を良好切断といい、板厚2.3mmの場合、出力は0.5kW以上で、速度範囲は1～3m/minの範囲であることがわかる。ただし、出力が増すとこの傾向は高速の範囲にシフトすることは容易に推測できる。

同様に、出力を一定にして板厚を増していく場合には、その切断可能の範囲は狭まり、良好な切断の範囲も狭まる。出力を増した状態でも同様な結果になることから、厚板を切断する難しさはここにある。**図4.39**には、切断品質における板厚と切断速度の関係を示す。

ステンレスのCO_2レーザによる微細加工の例を**図4.40**に示す。板厚は1mmで、アシストガスはN_2で0.8MPaで周波数 f =1000Hz 、Duty=45%の高繰返しのパルス切断である。

軟鋼の切断面を**図4.41**に示す。上段は条痕（ストリエーション：striation）

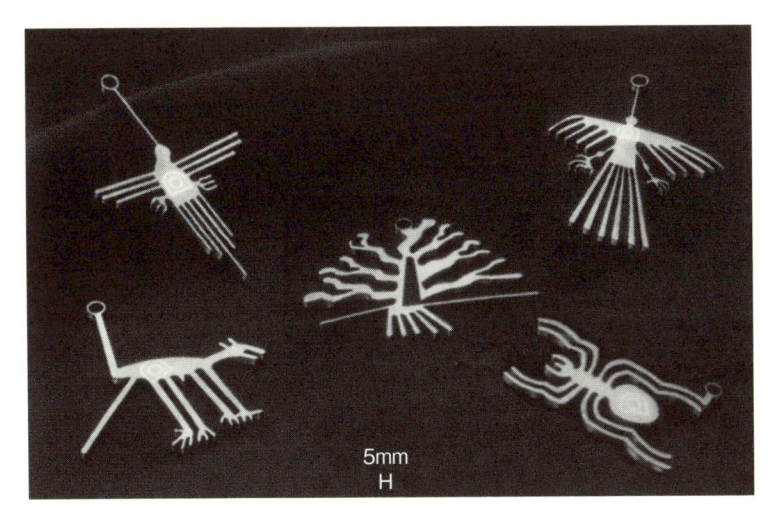

ステンレス（SUS304）板厚=1mm
切断速度=1.5m/min、出力=2kW
　（f=1000Hz　Duty=45%）
アシストガス.:Gas：N_2　0.8MPa

図4.40　レーザによる微細切断の例　（写真提供：㈱アマダ）

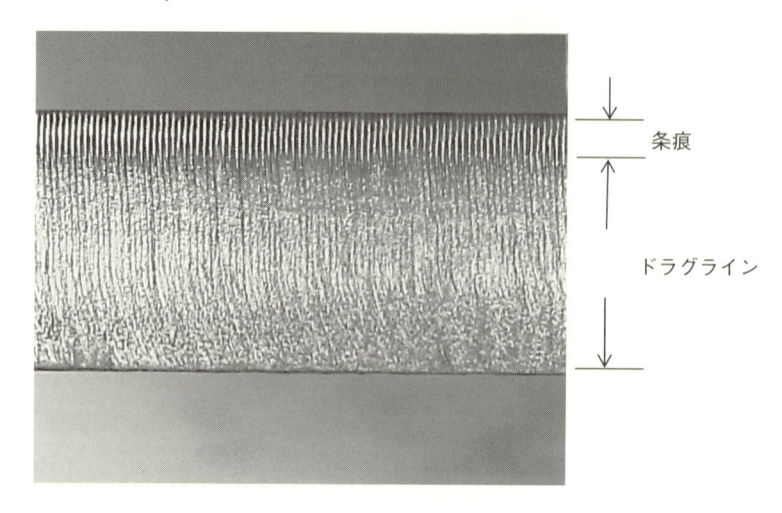

図4.41　軟鋼の連続波切断面

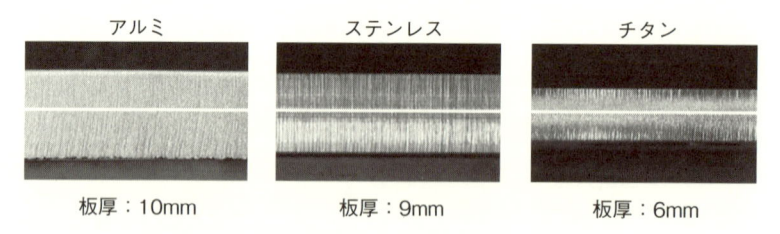

図4.42　各種材料による切断断面性状の比較

という条痕があらわれ、中段以降はそれを引きずるようにドラグライン（drag line）が現れる。これは軟鋼などの典型的な切断面である。材料が異なる場合は、それぞれの切断面が生じる。**図4.42**にはアルミ、ステンレス、チタンなど、通常の切断が比較的切断が難しい材料を示す。それは主に材料の粘性や組成、熱的特性が異なるために、圧力の高いガス噴流を吹き付けることによる。

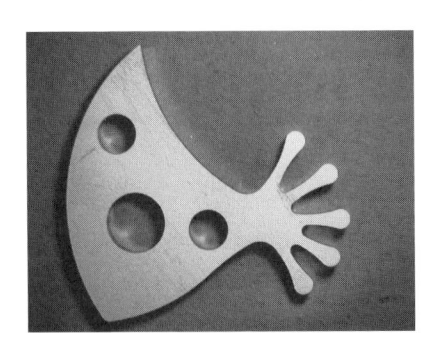

図4.43 アルミの切断例

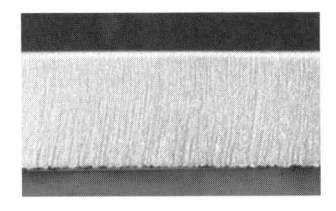

材料・板厚	アルミ、12mm
レーザ出力	4000W
加工ガス	エアー
加工速度	400mm/min

図4.44 チタン合金の切断例

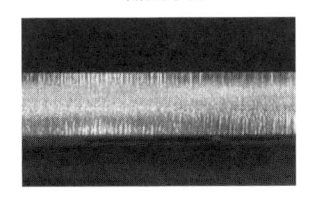

材料・板厚	チタン合金、3mm
レーザ出力	2000W
加工ガス	アルゴン
加工速度	2000mm/min

4.10.2 中厚板の切断加工

中板厚の切断は広範囲に行われている。出力は大きくなるが基本は同じなので、形状切断の例を図4.43から図4.45示す。図4.42は板厚12mmのアルミの場合で、出力は4kW、アシストガスはエアーを用いている。断面はエアブローによりザラついている。また図4.44は板厚3mmのチタン合金の場合で、出力は2kW、アシストガスはアルゴンを用いている。

さらに、図4.45は板厚12mmのステンレスの場合で、出力は4kW、アシスト

断面写真

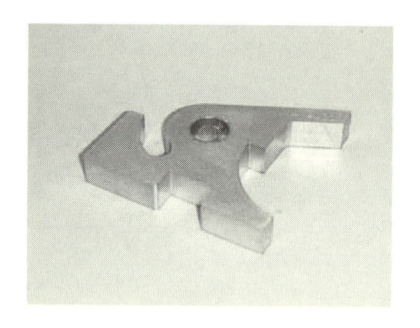

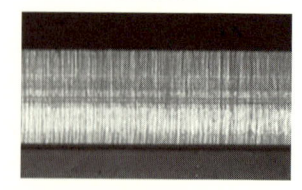

加工サンプル

材料・板厚	SUS304、12mm
レーザ出力	4000W
加工ガス	窒素
加工速度	500mm/min

図4.45　ステンレスの無酸素切断の例

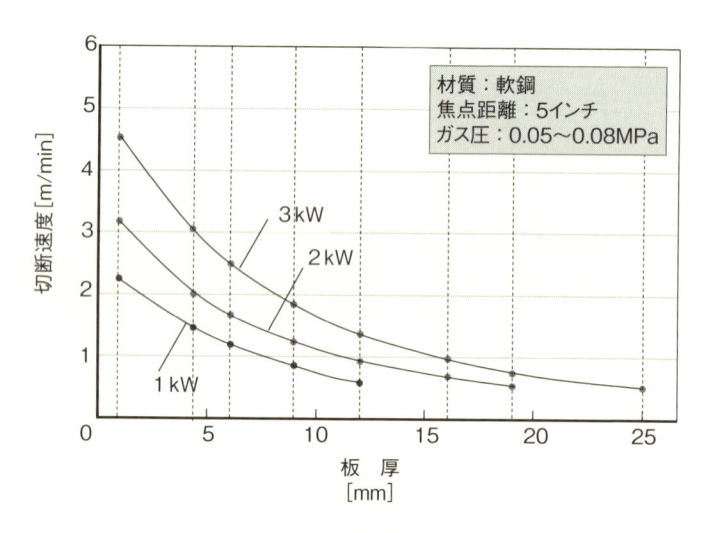

図4.46　軟鋼の切断特性

ガスには窒素を用いている。切断面は酸化のないきれいな金属光沢をしている。
　出力を変化させた場合の軟鋼の切断特性を図4.46に示す。このように出力の増大が切断速度を向上させ、切断可能な板厚が拡大していることがわかる。
　軟鋼以外の各種材料の切断速度と板厚の関係を図4.47に示す。出力は2kW

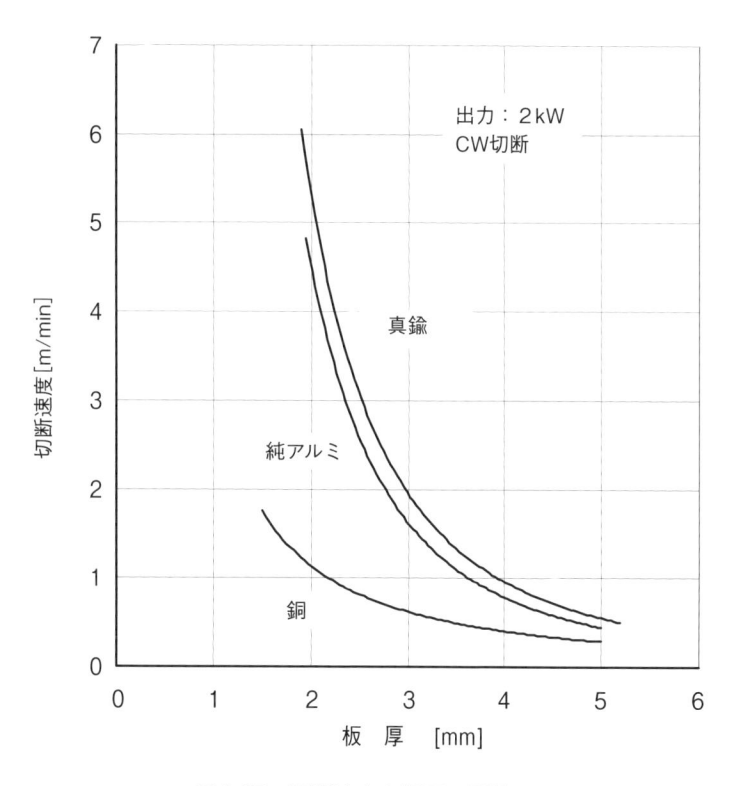

図4.47　切断速度と板厚の関係

の連続出力であるが、それぞれ材料によって切り難い度合を知ることができる。また図4.48にファイバレーザとCO_2レーザによる切断比較を示した。一般には薄板でファイバレーザは高速切断が可能であるが、板厚が増すとその差はほとんどなくなる。また、板厚が増すとCO_2レーザのほうが面粗さは良いことが確かめられている。ただし、市販品のままを述べたが、ファイバレーザも光学的な工夫によって厚板切断が可能であり、切断面も向上する。

4.10.3　厚板切断加工

　厚板の例を示す。図4.49には、ステンレス（SUS304）で、板厚が20mmの無酸化切断の例を示す。使用レーザはCO_2レーザの6kWで、光路長L = 7.5m、

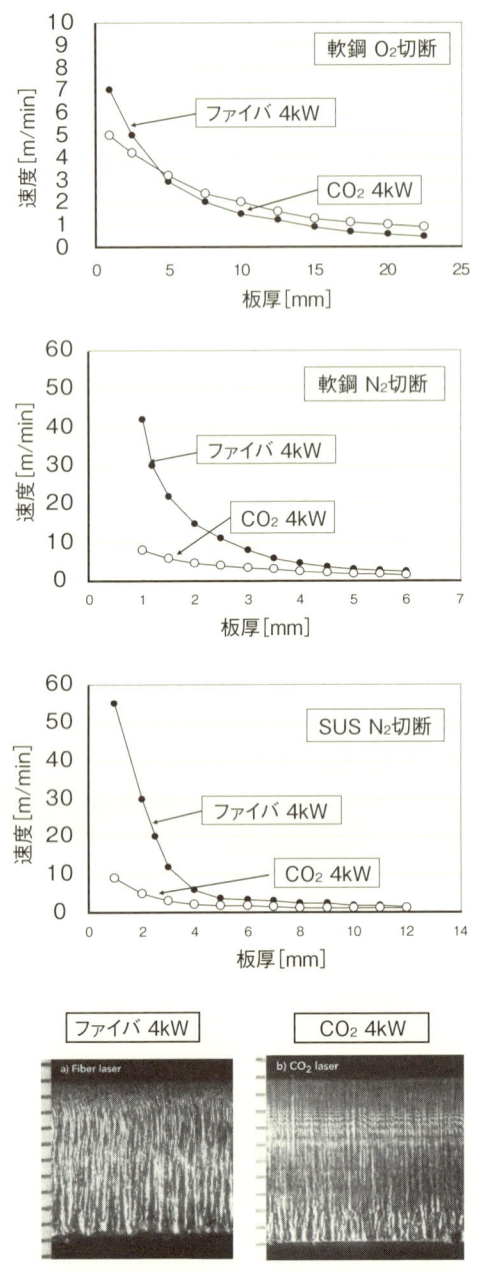

図4.48　切断速度と板厚の関係（資料提供：三菱電機㈱）

4-10 レーザ切断の加工事例　143

レーザ出力：CO$_2$ 6kWCW
材質：ステンレススチール（SUS304）
アシストガス：N$_2$

t=40mm　　　　　　t=25mm　　　　　　t=12mm
F=70mm/min　　　　F=220mm/min　　　F=1000mm/min

ガス圧：1.8MPa　　　――――――――→　　　ガス圧：0.8MPa

ノズル：ダイバージェントノズル

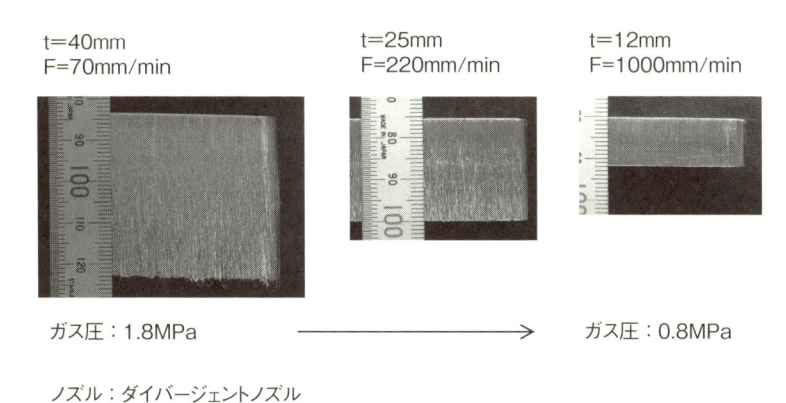

図4.49　ステンレス鋼の板厚変化とアシストガスの圧力変化

ノズル φ＝8mmのところで切断を行った。周波数は2kHzと高く、ほぼ"連続"に近いことからCW−like切断という。そのときのガスは窒素で圧力は1.8MPaで、送り速度はF＝400mm/min、使用レンズの焦点距離はELF=254 mm（10inch）である。

また**図4.50**には、軟鋼（SS400）で、板厚が32mmの酸化反応切断の例を示す。使用レーザは、同じくCO$_2$レーザの6kWで、ノズル φ＝6mmで光路長 L ＝8mのところで切断を行った。周波数1kHz、Duty＝70％の切断で、酸素ガスの圧力は0.2MPa、送り速度はF＝475mm/min、使用レンズの焦点距離はELF=254mmである[18]。

軟鋼は厚板になるほど鉄が自己燃焼で酸化反応が起こりやすく、過酸素状態でバーニングを生じることがある。そのため、ガス圧力は薄板よりやや低く制限することがある。高出力レーザによる切断は、切断速度と加工精度が飛躍的に向上してきた。ノズルの研究とともに光技術の研究も進み、切断にビームパラメータ積（BPP）の概念も導入され、板厚に最適なビームの集光状態も考慮されるようになってきた。軟鋼切断には、ガスの流れを中心と周囲から二方向

レーザ出力：6kW CO$_2$　パルス発振
材料：軟鋼（SS400）
アシストガス：O$_2$

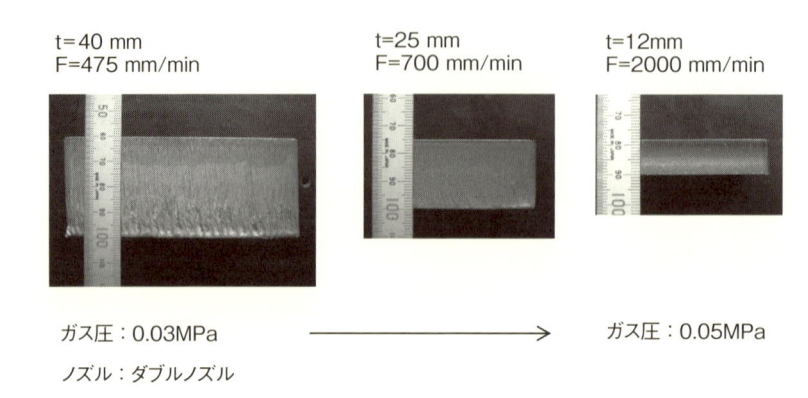

t=40 mm　　　　　　　t=25 mm　　　　　　　t=12mm
F=475 mm/min　　　　F=700 mm/min　　　　F=2000 mm/min

ガス圧：0.03MPa　　　――――――→　　　ガス圧：0.05MPa
ノズル：ダブルノズル

図4.50　軟鋼の板厚変化とアシストガスの圧力変化

から吹き付ける"ダブルノズル"を、また、ステンレスやアルミにはガスを高速に噴射する"ダイバージェントノズル"を用い、薄板には焦点距離の短い集光ビームを、厚板には焦点距離の長いスポット径のやや大きいビームを用いて切断する。

切断の例として、軟鋼（SS400）とステンレス鋼（SUS304）の厚板切断を示した。それぞれ、金属の厚さは、6kWのCO$_2$レーザによる12mm、25mmと40mmである。ただし、板厚40mmの場合はほぼ加工の限界なので、これを以って安定的な切断と見なすことはできない。

4.10.4　特殊レーザ切断加工[15]

一般に切断できる板厚はレーザ出力にほぼ比例する。4～6kWの高出力レーザによる厚板切断はそれなりのメリットをもつ。しかし、最大出力ではレーザ出力は不安定となりやすく、光学部品の耐久性や寿命が低下し、ランニングコストはより高いものになる。厚板を加工すると、切断精度は相対的に悪くなり熱影響層が大きくなるなどのデメリットもある。レーザの切断に伴う現象や

加工メカニズムがあきらかになるにつれて、原理的な面から切断技術が見直されてきた。その結果、厚板を標準的な出力レベルである２～３kWクラスのレーザで30mm以上の切断が可能となった。特殊な方法で、厚板を２kWのレーザで切る技術を紹介する。

（１）BSレーザ切断

　レーザ光と高圧酸素ガス用いて、鉄の燃焼平衡に至らせることで切断する方法がある。

　この技術は燃焼平衡レーザガス切断（Burning Stabilized Laser gas cutting：略語BSレーザ切断）と称されるもので、1990年のはじめにFhG LIT（Aachen）で考案された。その後、日本で著者らによって改良され、1997年に同軸加工が可能となった新技術である[12]。

　BS切断はレーザ光と特殊ノズル、および高圧アシストガスの組合わせからなる切断法で、レーザ照射により発火点に達した材料表面を、アシストガスの高圧酸素噴流によって燃焼させ、材料の自己燃焼を伴う酸化反応によって生起される溶融拡散速度と、高圧ガス用に設計された特殊ノズルからの酸素ガスジェットの流速がバランスしたところで、切断溝が形成される一種のレーザ・ガス切断である。これはレーザの熱源と高いガス圧力と、特別に設計されたノズルの組合わせがこれを可能にした特殊な方法である。この特別な方法を用いてドロスフリーまたは切断後にドロスを簡単に除去されることができ、２kWのレーザでも同軸で最高厚板40mmをレーザ切断することができる。その時の切断面の平均面粗さは50μmより少ない。装置の構造の概略を図4.51に示す。また、図4.52には酸素ガス噴流とレーザビームが達成された加工例を示す。この方式での加工性能を従来の切断加工と比較したグラフを図4.53に示す。出力に比較して加工性能は卓越している。

（２）回転ビーム

　ビームに回転を与えて切断する切断方法が考案された。これは光学系を工夫して集光ビームに微小半径の回転を与えつつ切断する方法で、軟鋼の厚板やステンレスの厚板切断を可能にした。この方式を回転ビーム切断法（spinning beam cutting）と称している[3]。集光レンズの直後に角度 a を有する傾斜ウイ

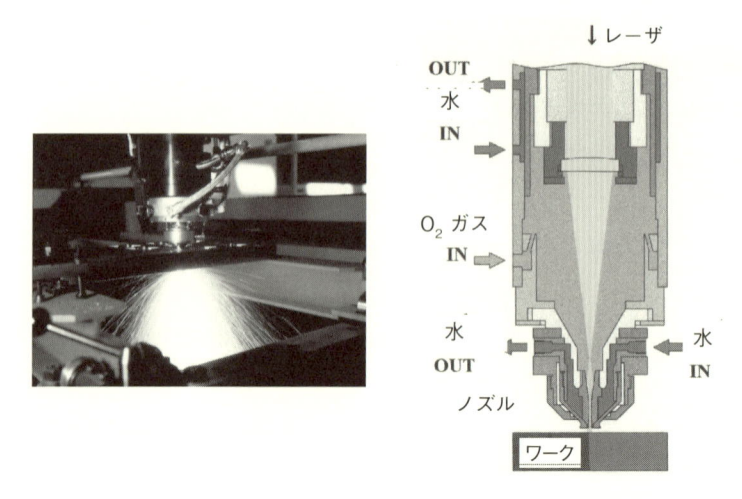

図4.51　BS切断装置の構造と加工（㈱アマダ、旧レーザ応用技術研究所）

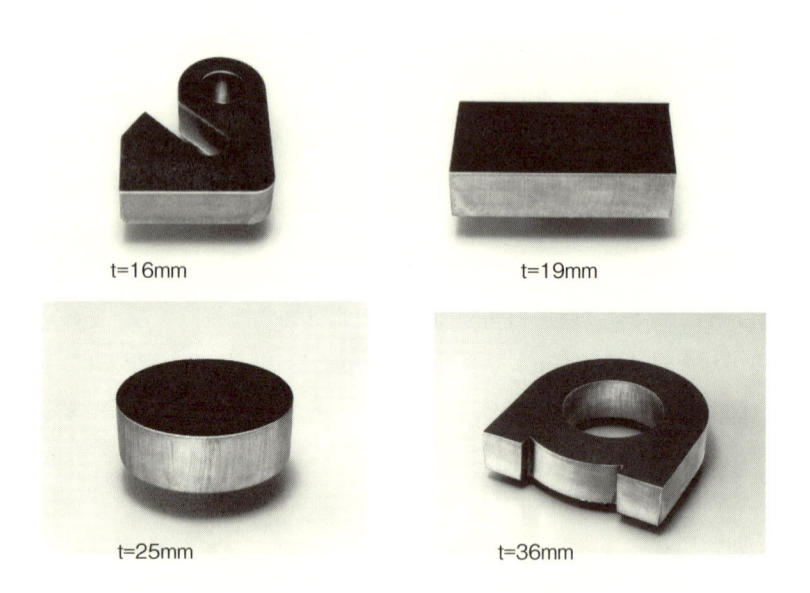

t=16mm

t=19mm

t=25mm

t=36mm

図4.52　BS切断の加工サンプル（軟鋼）

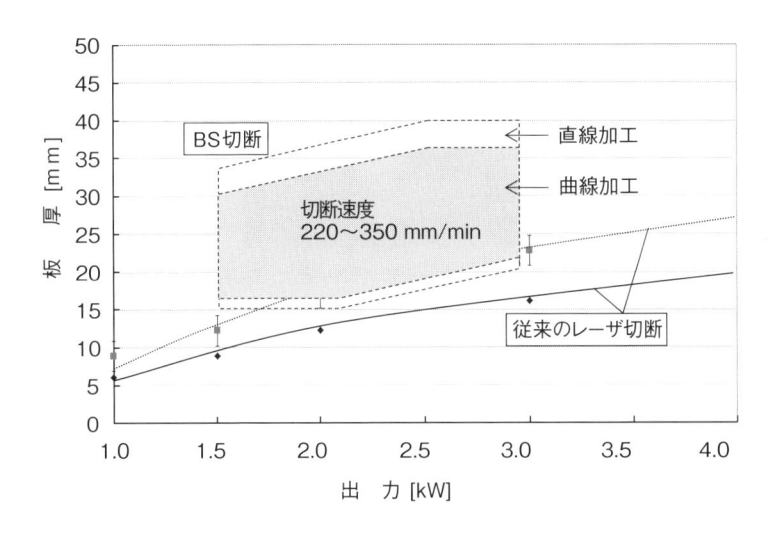

図4.53 BS切断の加工性能

ンドまたは光学ウエッジなどを挿入すると、ビームがこの光学素子を通過する過程で屈折し、従来の光軸上の焦点からややシフトして集光する。この光学素子に回転を与えることで、微小のシフト量を半径とする回転ビームが形成される。回転ビームと材料移動によって、ビームはニブリング加工のように相対的に三日月状の間欠的な切断を行なう。

　この方法で、2kWクラスのレーザで板厚30mmのステンレス鋼の切断とφ1～3mmの穴径の穴あけ加工も可能である。アシストガスにはガス圧を0.1MPaの酸素を用い、回転数を毎分1500rpmとしたとき、板厚は25mmで切断速度は350mm/minであった。その結果、切断できる最大板厚は飛躍的に増大する。特にステンレス鋼に対して切断速度が増大し、ガスの消費は大幅に減少し改善される。装置の構造の概略を図4.54に示す。また、図4.55にはアシストガスに酸素を用いて達成された加工例を示す。この方式での加工性能を従来の酸素ガス切断加工と比較したグラフを図4.56に示す。この方式も出力に比較して加工性能は卓越している。

　最後に、150から200mm以上の長焦点レンズを用いたパイプチューブの切断例を示す[13]。この方法は焦点深度の深い長焦点レンズで、従来のような回転方

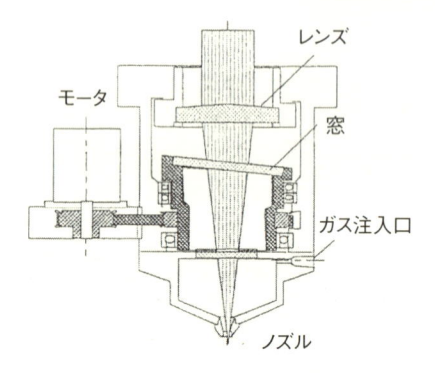

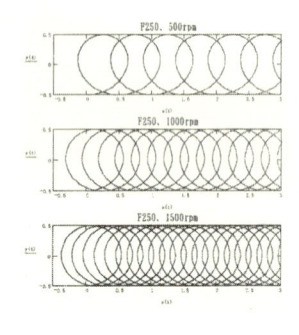

図4.54　回転ビーム装置の構造と概略図　（㈱アマダ、旧レーザ応用技術研究所）

ステンレス　t=15mm & 20mm　　　ステンレス　t=28mm

図4.55　回転ビーム切断の加工サンプル

式ではなく、一方方向（上）からワンサイドアクセス（one-side access）で加工するもので、原子炉解体などに用いるとされている。長焦点レンズを用いたパイプの切断を**図4.57**に示す。

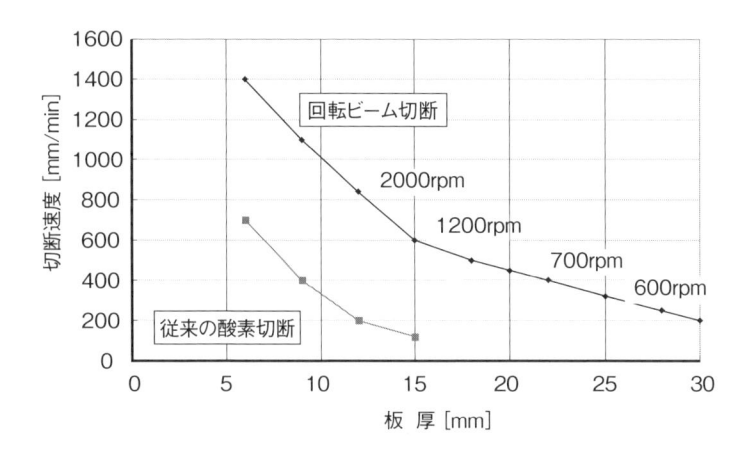

4-10 レーザ切断の加工事例　149

図4.56　回転ビーム切断の加工性能

図4.57　長焦点レンズを用いたパイプの切断（T写真：WI提供）

パイプチューブ切断の範囲
外径25 - 170mm
肉厚1.5 - 11.1mm

（写真 TWI提供）

【第4章 参考文献】

1) I.Miyamoto & H.Maruo「The mechanism of laser cutting, Weldin in the worls」Vol.29.N09/10 pp283-294 (1991)
2) F.O.Olsen「Fundamental mechanism of cutting front formation in laser cutting」SPIE Vol.2207 pp402-413 (1994)
3) P.Di.Pietro & Y.L.Yao「A numerical investigation into cutting front mobility in CO2 laser cutting. Int. Mach. Tools Manufact.」Vol.35, No.5 pp673-685 (1995)
4) Hirano & Fabbro「Experimental Observation of Hydrodynamics of Melt Layer and Striation Generation during Laser Cutting of Steel Physics Procedia 12」pp555-564 (2011)
5) 新井武二「レーザ切断におけるストリエーションの生成、2014年度精密工学会春季講演論文集」C18, pp181-182 (2014.3.18)
6) 「新井武二、浅野哲崇「レーザ切断2014年度精密工学会春季講演論文集」C18, pp181-182 (2014.3.18)
7) 新井武二「レーザ切断」レーザ加工学会誌、15,4, pp29-35 (2008)
8) 中央大学新井研究室「レーザ切断に関する研究資料」
9) 新井、浅野「レーザ加工による加工シミュレーション（第7報）、ドロス生成過程について」2004年度精密工学会春季大会 学術講演論文集 K84 pp1007 (2004. 3)
10) 新井武二、大村悦二「レーザ切断フロントにおける溶融膜厚とパワー密度の推算」レーザ加工学会誌、Vol.14, No.3 (2007) pp174-181
11) 新井武二「レーザ切断」レーザ加工学会誌、Vol.15, No.4 (2008) pp29-35
12) ㈱アマダ「旧レーザ応用技術研究所資料および中央大学新井研究室資料」
13) J. G. Wylde (TWI)「第35回レーザ協会セミナー資料番号S35-3 (2011.9)」

第5章

レーザ溶接加工

溶接の対象は多様な材料と継手形態があり、それに対応してレーザ溶接に関する報告の数は非常に多い。レーザ溶接加工のメカニズムを紹介し、レーザ溶接の品質と溶接欠陥、変形など、薄板を中心としたレーザ溶接の実際と最近の新しい加工事例を紹介する。

溶接加工の実験風景

レーザ溶接加工は他の溶接用熱源に比べてエネルギー密度が高く、集光スポットの小さい分だけより速い溶接が可能で、結果的に熱ひずみの小さい溶接を実現することができる。装置の高出力化によって精密加工はもとより、最近では自動車などの高速溶接に多用されるようになってきた。かなり直近まで装置が高価で、ハンドリングの自在性において従来の溶接法との差別化ができず、安価な競合技術が存在することから、実際の加工現場での普及はあまりなされてこなかった。しかし、相対的に治具装置が大型化し精度が向上したことから、分野によっては利用に大きく弾みがかかってきた。

5-① レーザ溶接の変遷

　レーザ溶接の技術的な変遷は資料が非常に少なく正確な情報は得がたい。しかし、1970年代には日本でもレーザ溶接が学会発表で発表され、1980年前後に国産のレーザ加工機が出現したことをきっかけに、メーカの報告も少しずつ増えてきた。

　従来からのTIG溶接やMIG溶接、電子ビーム溶接は産業界に浸透していたことから、その延長でレーザは出現とともに自然と代替熱源として用いられるようになってきた。材料はステンレス、Al合金、軟鋼、セラミックスなどである。1987年のLAMP '87ではレーザ溶接だけでも10数件の発表があり、数kW～10kWクラスのレーザ実験に用いられていた。ビードオンプレートで各種材料に対する溶込み深さなどの比較検討が盛んに行われた。出力が小さい時は電子部品などの小物の溶接が、また、出力が大きい時は厚い鋼板への溶接が試みられた。

5-② レーザ溶接の位置づけ

5.2.1　シートメタル加工での溶接法

　金属加工業において用いられている薄板の溶接方法には、従来からアーク溶接、ガス溶接、プラズマアーク溶接または電子ビーム溶接などがある。そのう

ち、薄板を中心としたシートメタル加工現場においては、主に、TIG 溶接（tungsten inert gas welding：タングステンと不活性ガスによる溶接）とMIG溶接（metal inert gas welding：金属溶接棒と不活性ガスによる溶接）およびスポット溶接などが多用されている。**図5.1**にはシートメタル（板金）加工で用いられている主な溶接法を示した。レーザ溶接の位置付けは高エネルギービーム溶接である。

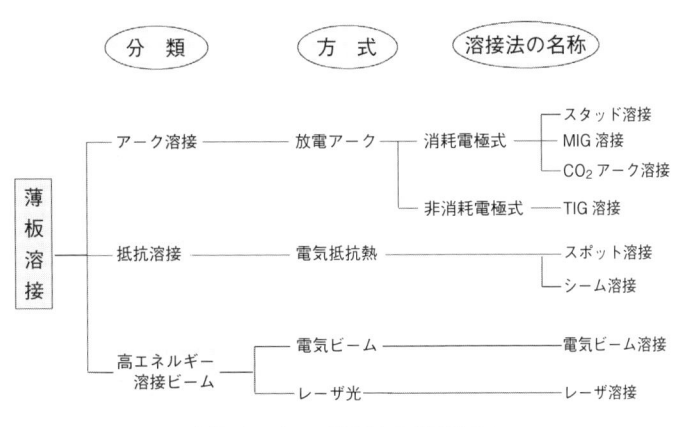

```
        分 類           方 式          溶接法の名称

                                         ┌─ スタッド溶接
                      ┌─ 放電アーク ─┬─ 消耗電極式 ─┼─ MIG 溶接
                      │              │              └─ CO₂アーク溶接
         ┌─ アーク溶接─┤              │
         │              │              └─ 非消耗電極式 ── TIG 溶接
薄板     │
溶接 ────┼─ 抵抗溶接 ── 電気抵抗熱 ─┬─ スポット溶接
         │                            └─ シーム溶接
         │
         │                    ┌─ 電気ビーム ──── 電気ビーム溶接
         └─ 高エネルギー ─────┤
            溶接ビーム          └─ レーザ光 ───── レーザ溶接
```

図5.1　レーザ溶接の位置付け

5.2.2　レーザ溶接の分類

　レーザ熱源を用いた溶接加工には、伝導型と深溶込み型（キーホール型）がある[1]。**図5.2**にレーザと溶接における2つのタイプを模式的に示す。レーザ溶接は、材料表面で吸収され光が熱に変換され、熱エネルギーとなって材料内に熱伝達して溶融するものであるが、この溶融の過程で溶融池の形状があまりへこまず、深さより幅が広いタイプの溶接を「熱伝導型レーザ溶接」という。目安としてパワー密度が10^5 W/cm^{2}以下と低いときに起こる現象である。したがって、反射損失が大きく加工能率があまり高くない。熱伝導型溶接は主に材料同士の溶着や接合に用いられる。

　これに対して、パワー密度が10^5 W/cm^{2}以上と高い場合で、溶融池で蒸発が始まり、蒸発によって材料表面に反発力が生じるため溶融池に窪みができる場

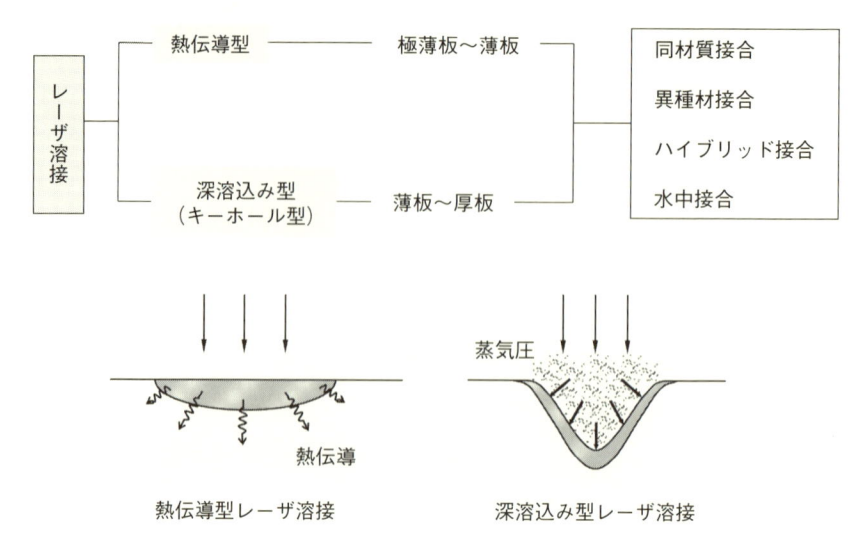

図5.2　レーザ溶接法の分類

　合がある。これが深くなってキャビティ（空洞）を形成する。キャビティは、その内部で発生するプラズマの逆制動輻射（プラズマ中の電子密度が高くなることでレーザ光が吸収される現象）というメカニズムによって維持される。このキャビティのことを「キーホール（Key hole）」という。これによってビームが材料内部に届くようになる。このようなタイプの溶接を「深溶込み型レーザ溶接」という。このキーホールは中空円筒状を呈していて、加工中に壁面への熱移動によって、連動して閉じ込められたプラズマ温度が変動するために、キーホールの径が周期変動することがX線による高速度リアルタイムの観察などによって観察されている[2]。

　溶接を接合するための溶接継手の形状からみた分類がある。このうち2枚の板で、板の側断面同士を突合わせて接合する溶接法を「突合せ溶接（butt welding）」といい、また厚み方向に2枚以上の板を上下に重ね合わせて溶接する方法を「重ね溶接（lap welding）」という。その他にもレーザ溶接として用いられる継手として、重ねすみ肉継手、T字貫通継手、ヘリ継手などがある。代表的な溶接継手の形状を**図5.3**に例示する。

　レーザ溶接で接合部に深さを要さないものや、薄板のスポット溶接などのよ

突合せ継手	重ね継手	T型貫通継手
ヘリ継手	重ねすみ肉継手	T型すみ肉継手

図5.3　代表的な溶接継手の形状

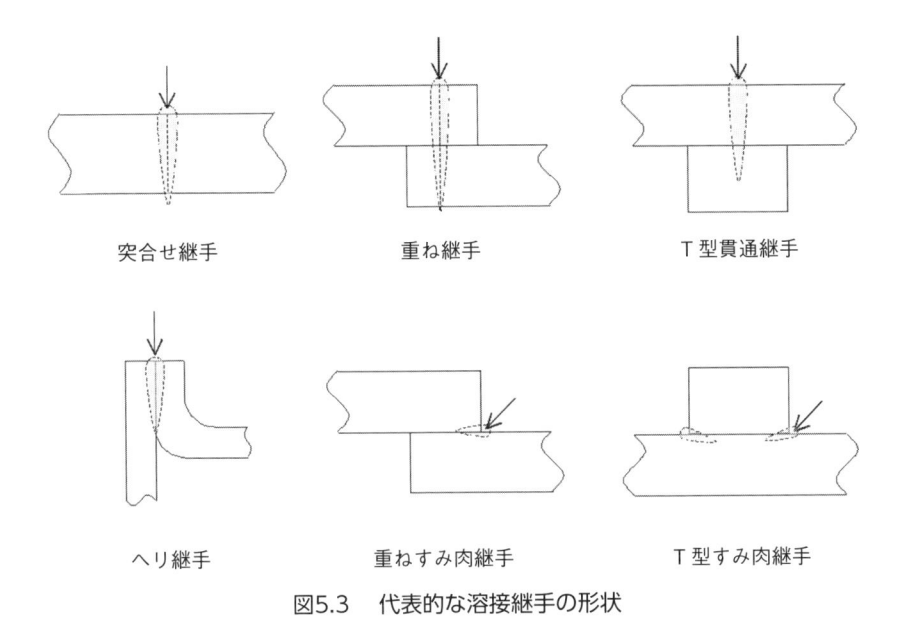

うに材料のごく浅いところでの溶接の場合は、キーホールを伴わない熱伝導型レーザ溶接が用いられることもある。

5.2.3　レーザ溶接加工の特徴
（1）加工用熱源としてのレーザの利点

　レーザは加工用熱源として多くの利点を有している。また、溶接加工のための熱源としても、他の熱源に比較して多くの面で優れている。レーザ溶接加工は次のような特徴がある。

①レーザ光はきわめて小さく絞り込める。それに伴いパワー密度、あるいはエネルギー密度の高密度化が図れる。そのため局所の溶接や融点の異なる異種材料間の溶接が可能である。

②高速加工が可能であり、ビード幅を狭くすることが可能で、結果的に熱影響層や歪の少ない溶接加工が実現できる。

③レーザは非接触加工のため、加工反力をほとんど伴わない。その上、エネルギーの集光性が高いため、レーザ溶接は溶接部の性状や品質において優

れている。

④レーザ光は大気中を自由に伝送でき、材料中で吸収されるので、溶接のフレキシビリティが高く制御性に優れている。このため、タイムシェアリング溶接やビームスキャン溶接などライン対応の溶接加工が可能である。

などの特徴があげられる。

(2) レーザの留意すべき欠点

その反面、以下のような留意すべき欠点もある。

①エネルギーの集中性や光の集光性がきわめてよいので、小さいスポット径を得ることができるが、その分、溶接の接触面を広く保つための前加工が必要であり、溶接時には厳重なギャップ管理を要する。

②溶接用装置としては電気から光へのエネルギー変換効率が、高いといわれるCO_2レーザの場合でもたかだか10％前後とあまりよくない。したがって、システム装置が大型化することは避けられない。その上、産業用としては発振出力の限界がある上、システム装置の価格においてコスト高である。

③レーザ光は材料表面での反射率が高く、溶接用として用いる場合にはより高いエネルギーを要する。したがって、トータルのエネルギー効率が低いために、用途と場合によってはコスト高になりかねない。

以上の特徴を理解した上で、なおメリットを見い出せる用途と適応が必要である。

5-3 レーザ溶接のメカニズム

産業用として溶接に用いられている高出力レーザは、赤外領域のCO_2レーザとYAGレーザおよびファイバレーザである。したがって、これらの波長の場合は赤外吸収による熱加工が中心である。CO_2レーザは装置の高出力化が比較的容易であり、主には連続発振で中厚板までの高速溶接加工に用いられている。一方、YAGレーザは、かつて平均出力が低かったこともあって、薄板や小物のパルス溶接が主流であったが、近年の高出力化傾向も手伝って4～5kWの発振器搭載の加工機が市場に投入されるようになってきた。このことから、高

出力のCO₂レーザ同様に、連続発振での高速溶接加工が可能となってきた。

　熱加工では、赤外波長領域のレーザ光が金属表面に照射されると、材料のごく表層で光吸収により分子や原子の振動が起こり急激に発熱する。その結果、深溶込み型レーザ溶接では表層部に溶融池ができ、やがて表面で金属蒸気が発生しキーホールが生成される。表面張力や内部の強力な蒸気圧がキーホールを維持したまま、溶接方向に沿って移動する。キーホールが通過した直後に、その後方を周りの溶融金属が回り込んで埋めることで溶接がなされる。その溶融金属の幅でビードが形成され、熱源が遠ざかるとともに冷却し凝固する。

　図5.4に理解のためのレーザ溶接のメカニズムを図示する。また、**図5.5**にはその詳細を図示した。

　ステンレスのCO₂レーザによる溶接などの例ではアシストガスに窒素ガスを同軸噴射するが、その時のプラズマとキーホールの挙動を調べた研究がある。**図5.6**にはX線透過試験装置を用いて、20kWのCO₂レーザによるキーホール溶接の写真を示す[3]。ビームは右方向に走行している。右側の白く見える縦方向の筋がキーホールで、左下や後方に見える白っぽい円形の小さな空孔がポロシティ（porosity）である。

　それによれば、キーホールは材料表面にプラズマは発現している時は深いキ

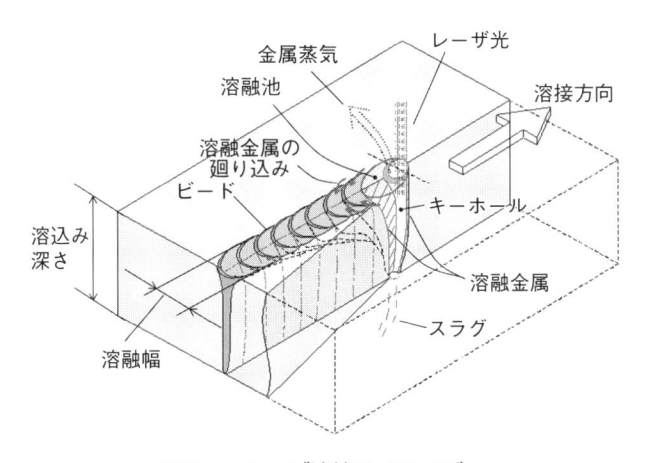

図5.4　レーザ溶接のメカニズム

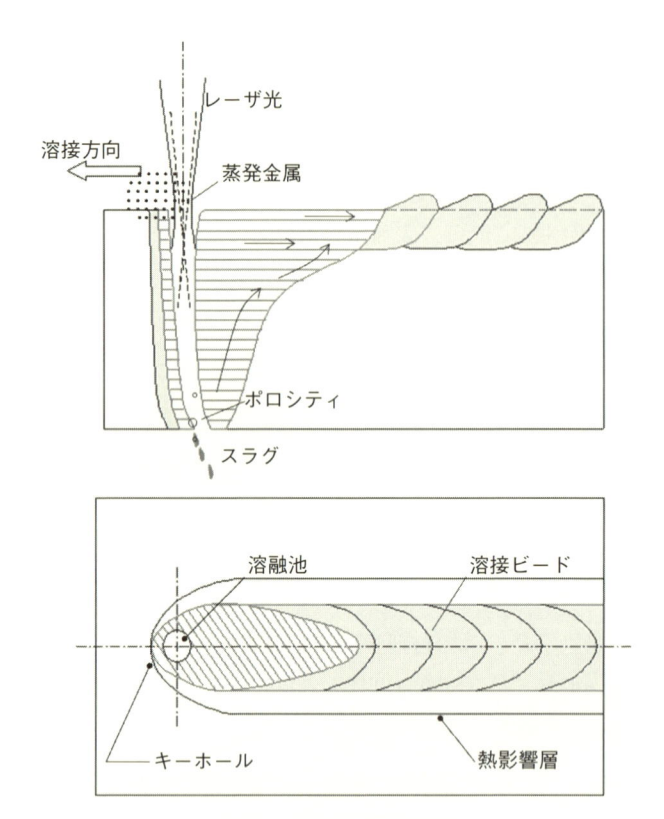

図5.5 溶接現象の詳細

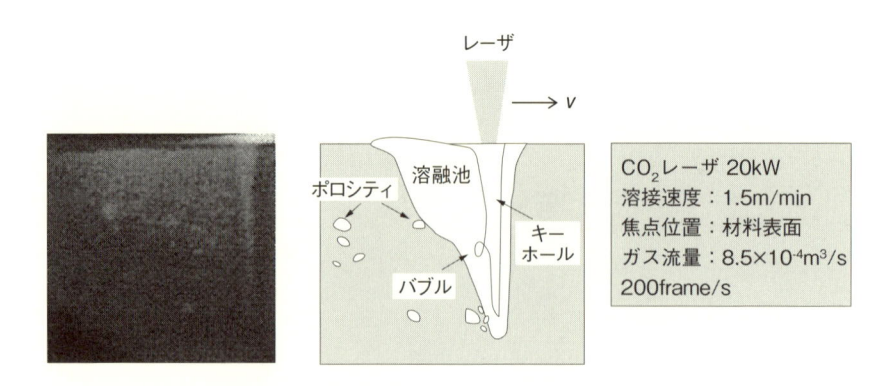

図5-6 溶接中のステンレス鋼のX線透過写真

CO_2レーザ 20kW
溶接速度：1.5m/min
焦点位置：材料表面
ガス流量：8.5×10^{-4}m^3/s
200frame/s

ーホールが形成されるが、窒素プラズマが成長して試料表面から上方に移動すると、キーホールは収縮していき、窒素プラズマが消滅するまで、キーホールの縮小化が進み、やがてキーホールがなくなるが、窒素プラズマが消滅した直後には試料表面に金属プラズマが発現して、それからキーホールが深くなっていくことが確認されている。いわば窒素プラズマによるキーホールの周期性のある消滅を形成する過程が確認されている。

　高速度カメラで溶融池の観察を行った研究[4]によれば、溶融池では溶融金属のウェーブ（波）が発生し振動することから、ウェーブが後方に向かう際、蒸気圧でキーホールが開かれ、溶融池の境界でターンして戻るとき、すなわち、ウェーブが前方に向かうときに、キーホールは閉じられるとしている。この結果、後方の溶接池の後方で山と谷が形成され冷却凝固されるとしている。

　このように突合せ溶接や重ね溶接などのレーザ溶接は、高密度エネルギーによって互いの熱源周辺の局部材料を自ら溶融し、通過とともに熱源周辺の溶融金属が回り込んで、冷却によって凝固し接合していく溶接法である。そのために、溶融ビードの終端では埋め戻す溶融金属が不足してへこみ（クレータ）ができる。これはレーザ溶接の特徴の1つでもある。

　レーザ溶接を理解するためには直接観測できることが望ましいが、加工場が狭隘であるばかりか輝度が高く事象が高速なため、その場計測や観察はやや困難で、かつ溶融が材料内部まで及ぶため、その挙動を視覚的に直接捉えることは難しい。

　一方、X線による観測も行われている。X線による観察は得られる情報に限界があるが、透過型X線は空洞部分の材料密度の差を画像化する手法なので、薄片にした比較的厚板のキーホールやポロシティなどの動的な観察は可能である。しかし、溶接ではキーホールの発生などについての観察やそれに伴う考察は個々になされているものの、加工材の板厚、材種の違い、溶接ギャップによる発生の有無や発生タイミングなど、必ずしもあきらかではない。

　また、突合せ溶接や重ね溶接などに適用するのは一般に困難である。したがって、シミュレーションによる場合でも不確定要素は正確な再現への妨げとなっている。この種の条件や諸要素を取り入れてシミュレーションするには、現

状ではいくつかの仮定を設けざるを得ない。そこで若干の制約はあるが、その上でレーザ溶接時に生じる溶融挙動や変形現象を、ビードオンプレートをはじめ、突合せ溶接、重ね溶接などの各種継手について探る。その際に、実際のクランプを用いた溶接工法を考慮して溶接ギャップとの観点から述べる。産業的に一番使われているレーザ溶接は薄板であることから、現実的な加工法に基づいたシミュレーションで薄板による溶接加工の現象を探る。

5-4 ビードオンプレート[5)]

5.4.1 シミュレーションと実加工サンプル

　レーザ溶接時の変形を定量的に明らかにするために、まず、板表面に焦点を合わせて熱源が移動するビードオンプレート（bead on plate）で連続移動熱源を薄板の平板上を走行させ、板厚と入熱に応じた変形量を解析する。ビードオンプレートは突合せ溶接などのギャップのない理想状態とみなせば基準とすることができる。ここでのシミュレーションは基本的に有限要素法による熱解析シミュレーションであるが、放熱や対流・接触伝熱などを考慮した熱伝導方程式を解いて温度場を求め、温度から求まる熱ひずみを与えて弾塑性応力変形解析する三次元非定常熱弾塑性力学モデルである。物性値は温度依存性を考慮し、溶融状態では溶融潜熱を考慮している。これによりレーザ溶接の過程で生じる金属溶融による熱膨張・熱変形が時系列的に求められ、最終的に残留応力や変形が求まるようにした。材料はステンレス材で、その寸法は実加工サンプルと同じ$100 \times 100 \times 1$ mmを基準とした。

　変形の定量化のために、まず基本となるCW発振のYAGレーザで$\phi 0.34$mmの集光スポットをもつレーザ光を材料表面上で等速移動させた。計算と平行して実際の変形を得るために、入熱形状は実加工による溶融断面形状と一致させた。典型的な例として、結果の一例を**図5.7**に示す。熱源の通過後、十分に冷却された状態における変形のシミュレーション結果は、溶接線と同じ方向となる面（x-z平面）では、始点と終点が低く中心部が0.5mm程度盛り上がり、溶接線に垂直となる面（x-y平面）では、冷却後に溶接線から離れた先端で1

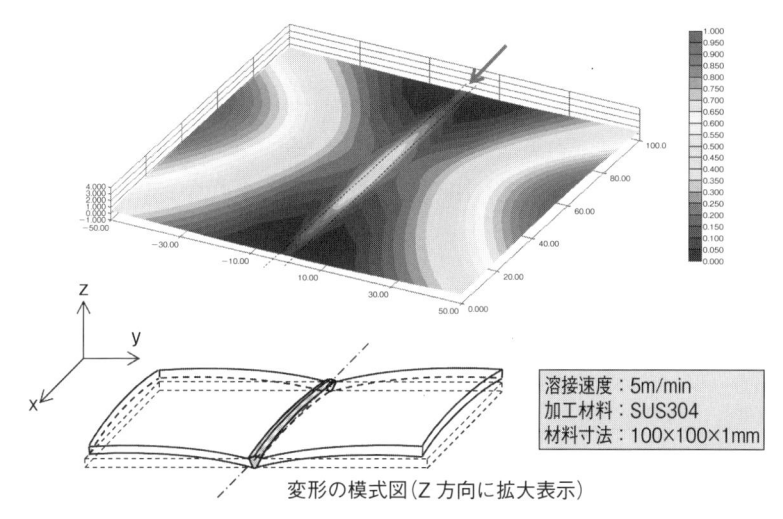

図5-7 シミュレーションによる溶融処理後の典型的な変形

mm程度の盛り上がりがみられた。図5.7では高さ方向（z方向）を誇張して表現している。

　実験によって実際の変形を測定しシミュレーションの結果と照合するため、実加工実験による検証を行った。加工実験は連続発振で最大出力4kWのLD励起YAGレーザが用いられた。**図5.8**には、本装置を用いた実加工で、溶接速度が5 m/minのときのSUS 304（100×100×1 mm）の加工サンプルを示す。目視では変形量の確認が難しいことがわかる。

　同条件で実験によって得られた実加工サンプルの変形は、レーザ変位計によって計測された。使用機器にはCCDレーザ変位計（キーエンスLK-G）を用いた。溶融後十分時間を経たサンプルは、変形した状態で測定台に置かれ、溶接線に沿って2 mm間隔ごとに直交する方向に50ラインをとり、1ラインは0.1 mm間隔で1000箇所計測した。計測後にデータ上で基準平面が補正され溶接時の変形を再現した。この測定範囲は高さ方向で5 mm、測定精度は1 μmである。図は実験データをもとにコンピュータ処理された。中央の溶接線に沿って盛り上がりがあり、両端では羽を広げたような変形が測定された（**図5.9**）。

162　第 5 章　レーザ溶接加工

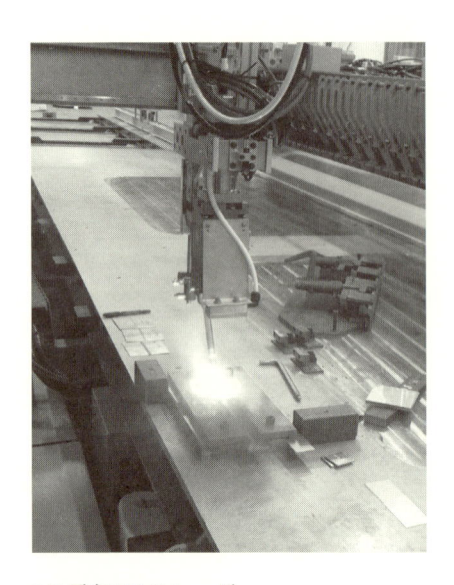

LD 励起 YAG レーザ
最大出力：4kW
発振波長：1064nm
発振形態：連続波

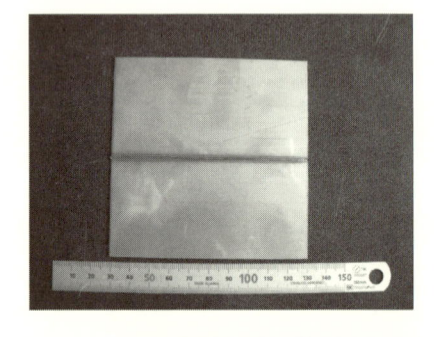

先端出力：3.4kW
発振波長：1064nm
発振形態：連続波
加工速度：5m/min
加工材料：SUS304
材料寸法：100x100x1mm

図5-8　溶接加工の実験風景

5.4.2　速度変化と変形量の比較

　実際の溶接実験によるステンレス鋼材 1 mmでの変形結果の測定例を**図5.10**に示す。図は溶接線に沿ってビード中心断面で比較したものである。レーザ溶接では溶接速度が遅いほど中心部のx-z平面で＋z方向への大きな膨らみが見られる。しかし、その差は溶接の前半部から広がるが、後半部以降ではその差は少なくなっている。また、貫通溶接と非貫通溶接とでは変形量が異なる。非貫通溶接の方が上下の一方だけに熱が加わるので、相対的に変形量は大きくなる

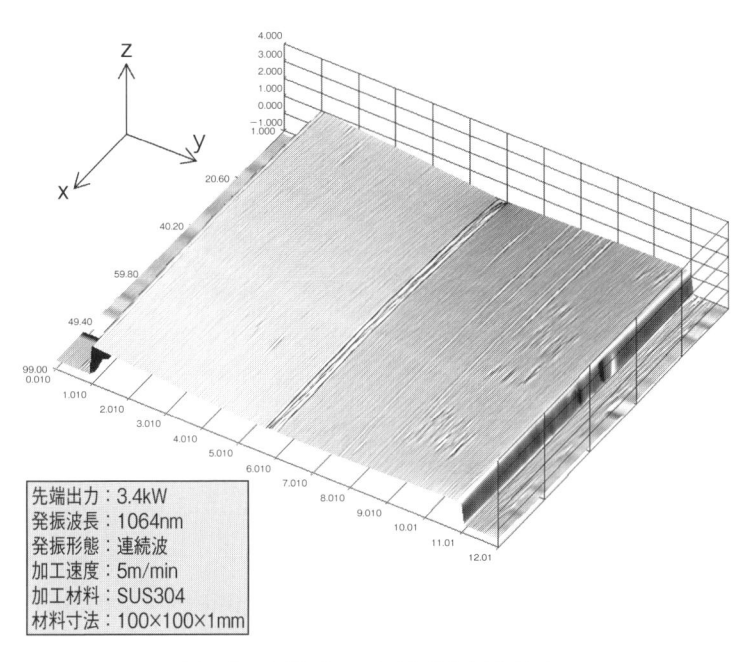

図5-9 実測データに基づく変形表示

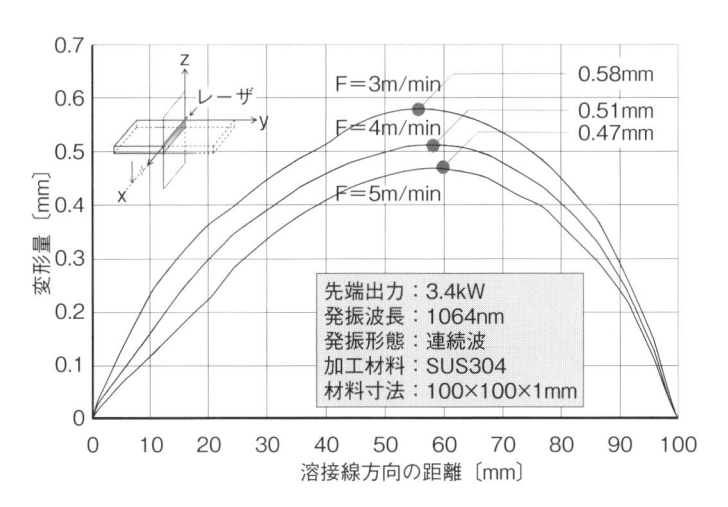

図5-10 走行速度変化による変形の大きさ（実測）

現象がみられる。結果的に溶接速度が遅いほど変形は大きい。溶接線に沿った盛り上がりと、溶接線から離れた両端の盛り上がりによる変形がみられた。その量は板厚・板サイズ・レーザ出力によって異なる。走行速度に対しては速いほど変形量は小さい。

5.4.3 溶接に伴う応力分布

　レーザ溶接で生じる応力分布を以下に示す。熱応力の分布はこの範囲での走行速度による変化は少ないが、溶接線方向の応力分布では全長100mmに対して溶融開始地点から10mmまで引張りの残留応力が増大し、80mm以降で順次引張り応力は低下する。中心線より離れると圧縮応力が発生し、その値は中心線から遠ざかるにつれて低下する。その結果を**図5.11**に示す。溶接線と直角方向の応力分布では、溶融開始地点から10mmまでは圧縮の残留応力から引張りに転じ、80mmまで引張り応力が支配的となるが、その後は再び圧縮応力に変化する。中心線から離れるにしたがって同一傾向のまま全体の値が低くなっていく。その結果を**図5.12**に示す。全般に冷却後の応力分布は全長100mm

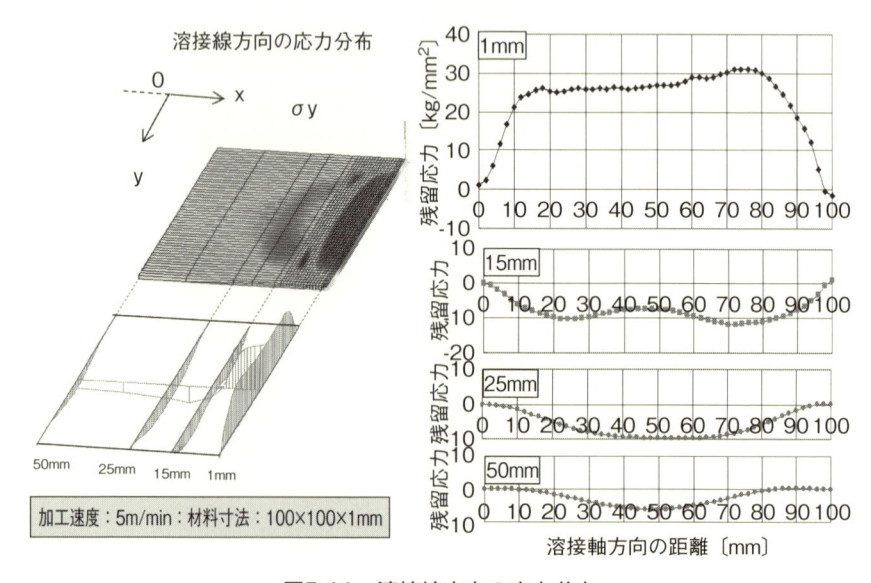

図5-11　溶接線方向の応力分布

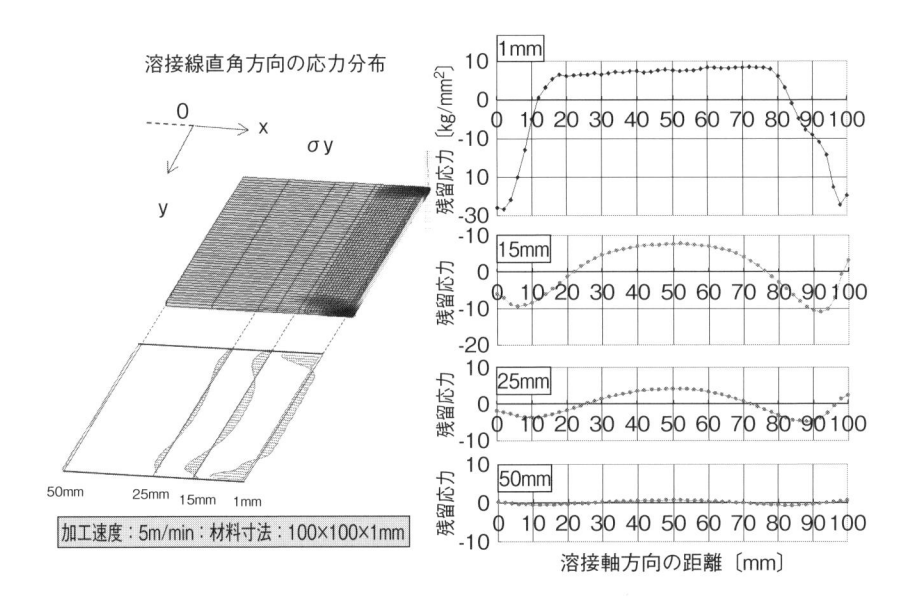

図5-12　溶接線に直角方向の応力分布

に対して溶融開始地点から10mmは圧縮応力状態となり、10mmから80mmまでは引張応力状態で、最終端に近い80mmから100mmまでは再び圧縮状態となる。なお、90mm付近では圧縮と引張の複雑な挙動をする。加熱状態から冷却にかけて応力は反転する。**図5.13**には十分な時間が経過した冷却後の応力状態を示している。

　ここまでは薄板のビードオンプレートをモデルとした。ビードオンプレートはレーザの貫通能力や溶融現象を見るには都合がよく、溶接時の部材間のギャップ（間隙）のない理想状態を扱ったともいえる。しかし、実際の溶接は2つ以上の金属部材の接合部を高熱で溶かして継ぎ合わせる作業のことである。換言すれば、異なる部材の接合部を加熱・溶融して金属結合させる手法である。そのため、ここからは「現実的な溶接」である2枚の突合せ溶接と重ね溶接を扱う。2枚の部材を溶接しようとすればその間に必ずギャップが存在する。溶

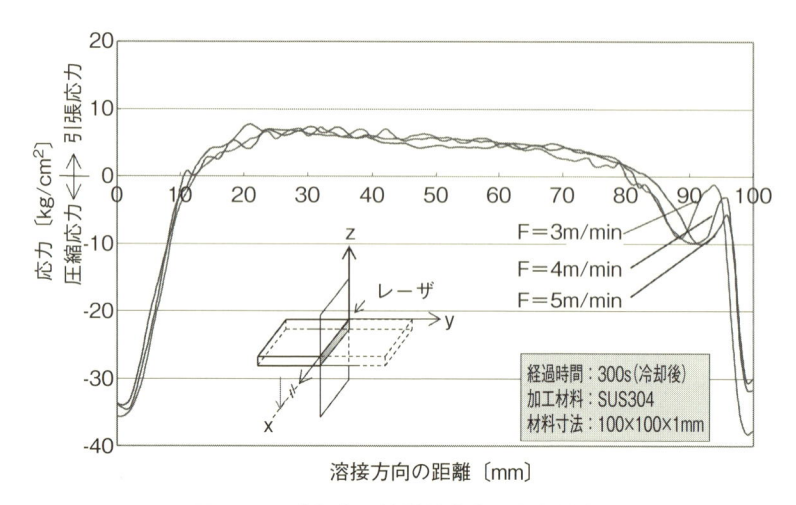

図5-13　冷却後の接線線方向の応力分布

接ではもっとも重要な因子なので、以下は溶接ギャップを考慮しながら代表的な溶接について述べる。

5-5　突合せ溶接 [6]

2枚の平板部材を、同じ面内の側面で突き当てて接合する手法を突合せ溶接（butt welding）ということは前述した。特にレーザ溶接では薄板の端面同士を接触させて、その中間にレーザビームを走行させて溶接する方法で、その意味で接触面ではギャップが必ず存在する。ギャップを有する突合せ溶接では、レーザ光の焦点位置と材料との相関位置関係、材料に関わるレーザエネルギーの割合などが重要な問題となる。それを基に、突き合せ溶接におけるギャップの異なる場合の溶接現象と変形を考える。

5.5.1　接合部材間のキャップ

光はどのような小さな隙間でも通過することはよく知られている。したがって、まずレーザビームがどの割合で接合部材の表面やギャップ内にかかわるか

をあきらかにする必要がある。ビームモードはファイバ伝送を想定しトップハット（円形均一分布）と仮定し、レーザ光を接合面ギャップの中心位置へ照射したとき、レーザエネルギーがどの部位にどの割合で関与するかを調べるために光線追跡法を用いる。エネルギーの割合は、材料の表面位置を基準にレーザの焦点と、その上下に集光させた場合と、部材間のギャップ量を変化させた場合とで異なる。光線は100ラインで3次元的に計算した。

まず、YAGレーザの集光光学系を**図5.14**に示す。ファイバ伝送されたレーザ光はいったん広げられコリメータを介して集光される。そのときの集光スポット径はϕ0.6mmである。このスポット径が2枚の部材の間に位置する0.3mm以下のギャップに入っていく様子を下に光線追跡法で求め拡大して示した。一例として、最小スポットとなる最小錯乱円を焦点位置とし、焦点の位置を材料表面に設定し、突合せ面のギャップを0.3mmまで変化させた場合で、ギャップ内を通過するビームと、表面および突合せ面に照射されるビームとのエネルギーの割合を**図5.15**に示す。

続いて、**図5.16**には最小スポット径が材料表面に位置する場合のエネルギ

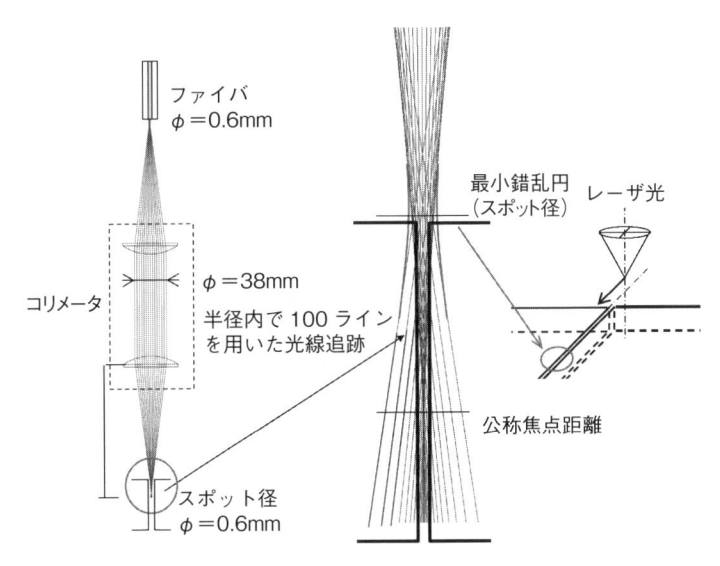

図5-14　YAGレーザの集光光学系と材料ギャップ近傍の光線追跡

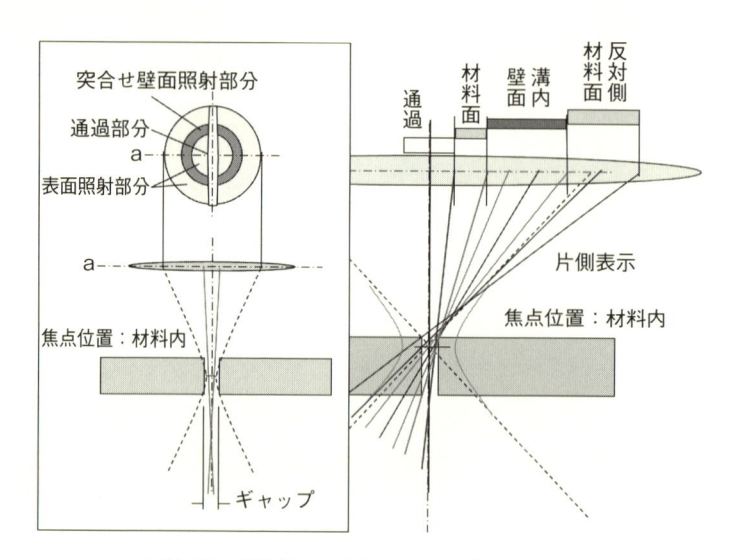

図5-15　照射レーザ光のエネルギーの配分例

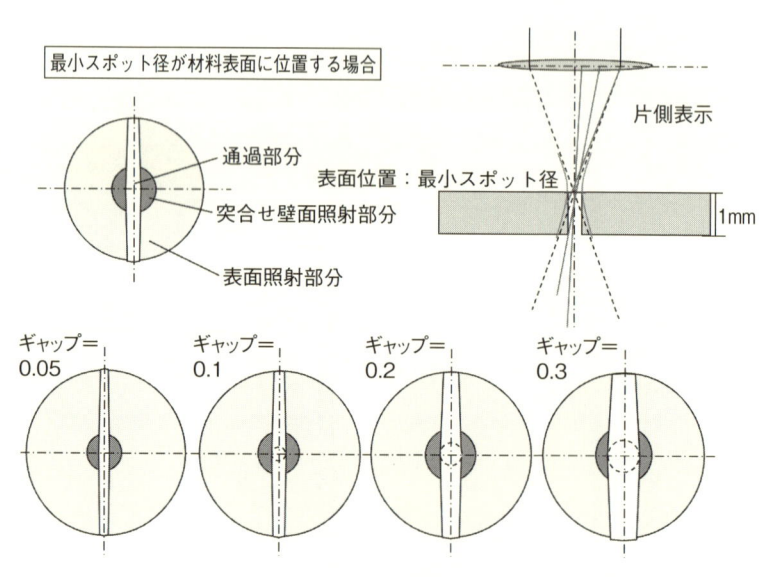

図5-16　ギャップを変化させた場合の照射レーザ光のエネルギーの配分例

一配分の割合をギャップはg=0.05mmからg=0.3mmの間で示した。この図から、ギャップが大きくなるほど材料表面に接触するエネルギーが減少し、ギャップ内を通過するエネルギーが増加する。また、突合せ面に照射されるエネルギーは減少することがわかる。これを**図5.17**にグラフで示した。ギャップの溝内の壁面に関与するエネルギーは、材料表面の上方にビームの最小スポットを位置させた場合（材料表面に公称焦点位置をもってきた場合）には最初はいったん増加するが、その後は少しずつではあるが減少していく。なお、深さ方向（板厚）は1mmと薄いが、この範囲でギャップ内の反射も考慮されている。

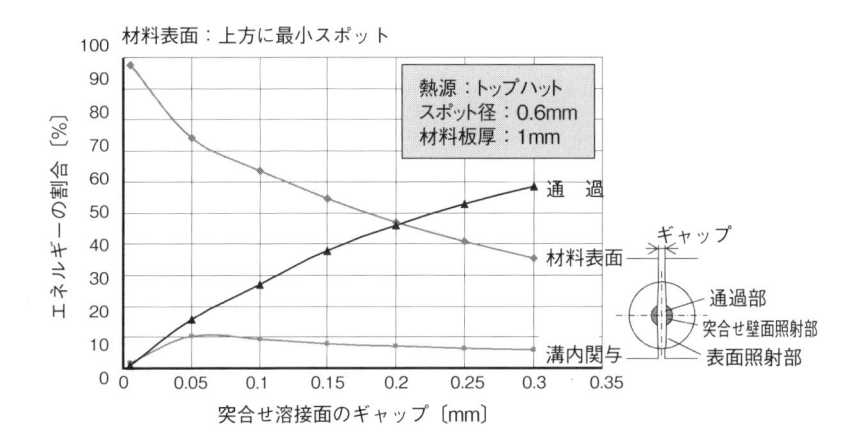

図5-17 材料表面上方に最小スポット径が位置した場合の照射レーザのエネルギー配分

5.5.2 エネルギー配分の検証

突合せ照射壁面に対する考察は、シミュレーションでも検証することができる。**図5.18**には料表面のみの場合と、突合せ壁面にエネルギーが及んだ場合の溶融断面を比較した。ギャップはg=0.1mmでレーザ出力はともに3.4kWとし、溶接速度を6m/minとした場合、表面のみに照射された場合には貫通溶接にはならないが、突合せ壁面にエネルギー配分を行った場合には貫通溶接となる。この条件下では、実際の加工実験でも貫通溶接となることが確認されている。熱や超音波などは材料表層をより速く伝達する性質はあるが、それでも表面だけでの照射では境界部の上面しか伝わらず貫通はできない。したがって、レー

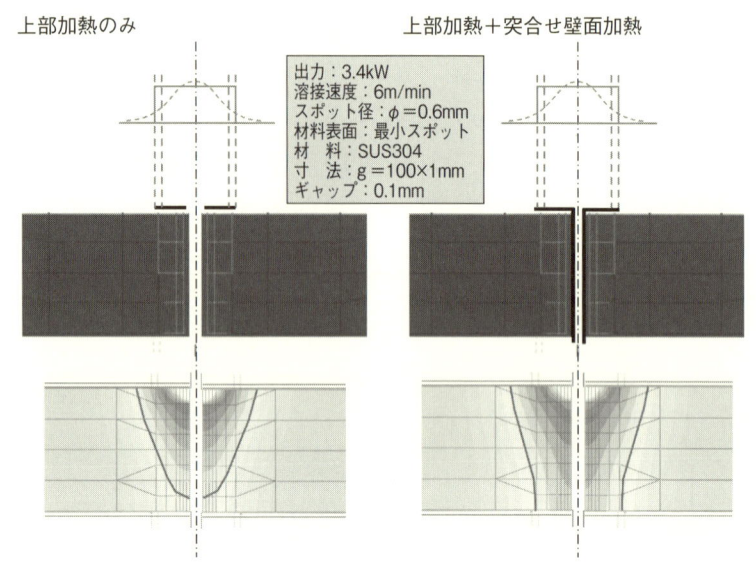

図5-18　エネルギー関与の違いによる熱伝導シミュレーションの比較

ザによる突合せ溶接では、レーザエネルギーはギャップ隙間にも及ぶことがわかる。

5.5.3　シミュレーション解析

板厚1mmの2枚の部材間にギャップを設定し、その中心線に沿ってレーザ光が通過するものとする。ギャップの溝内は擬似的な層があるものとし、空気と類似した熱定数（熱伝導率、比熱、密度）を設定してある。突合せ溶接では溶接中に突合せ面の温度が上昇し、溶融に伴う体積膨張と酸化による質量増加が起こる。これによってギャップが溶融金属で埋まり接触面が接合される。

（1）ギャップが小さい場合の例

突合せ溶接のギャップが$g=0.005$と非常に小さい場合を例に溶融の計算過程を図5.19に示す。レーザが接合端面に照射されて温度が上昇して体積膨張する。レーザ照射は端面部分なのでフリーな溝方向に膨張する。ギャップが小さいために膨張した溶融金属は中間点で遭遇して上方に流れる。その結果、上下に盛り上がりができる。しかし、ビームが通過後には冷却が始まって、溶融部

(a) レーザの照射

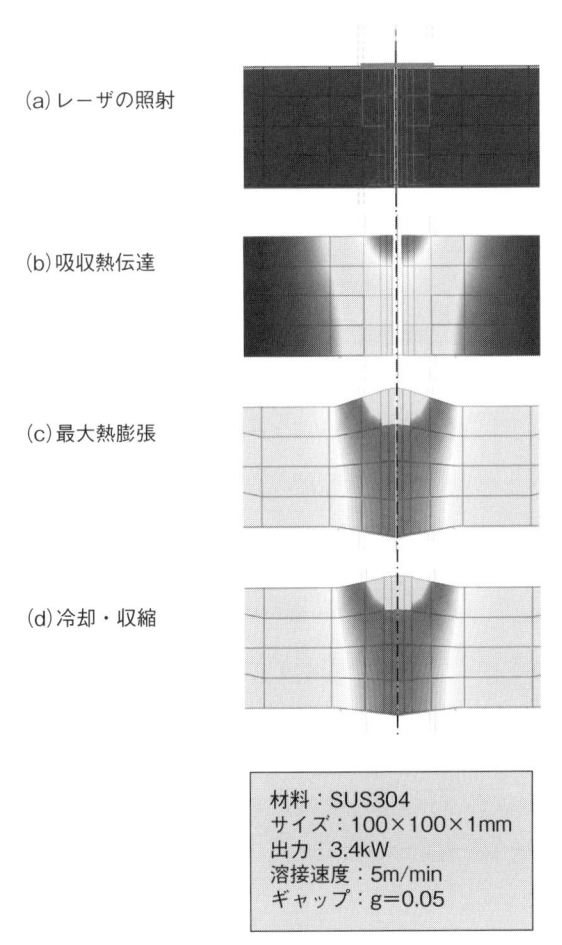

(b) 吸収熱伝達

(c) 最大熱膨張

(d) 冷却・収縮

```
材料：SUS304
サイズ：100×100×1mm
出力：3.4kW
溶接速度：5m/min
ギャップ：g=0.05
```

図5-19　ギャップの小さい場合のシミュレーション

では部分的に収縮する。本図は実際のシミュレーション動画から抜粋して示したもので、溶接速度は5m/minの場合である。照射とともにレーザ光を吸収して発熱すると熱伝導が始まる。観測点からみると、スポット位置の直前で発熱が起こる。次に熱源が中心位置を過ぎた直後に最大の熱膨張をして、熱源が通過するとともに冷却がはじまり徐々に溶融部が収縮する。なお、熱源は材料表面（x-y平面）を通過している。

　実験との照合を**図5.20**に示す。溶接速度は3m/minの時の実験とシミュレ

ギャップ(g)の小さい場合

材料：SUS304　サイズ：100×100×1mm
出力：3.4kW　スポット径：0.6mm
溶接速度：3m/min

ギャップ＝0.005m

溶接速度 6m/min

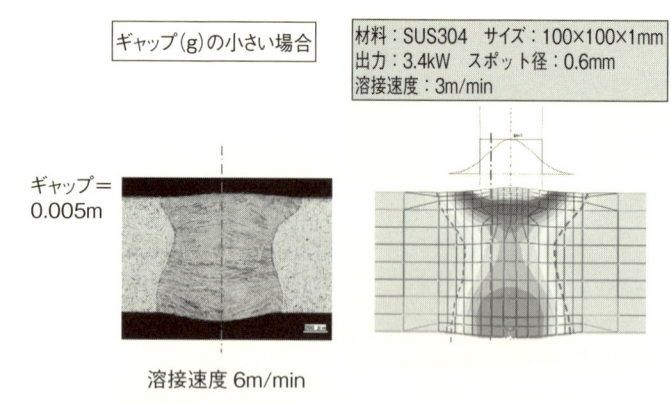

図5-20　実験結果とシミュレーションの照合（g＝0.005mm）

ーション結果で、ギャップがg=0.005mmで非常に小さい場合である。この場合は速度が遅く熱が十分に伝わるために上下に盛り上がり、境界面で左右への広がりが生じる。

（2）ギャップが大きい場合の例

　突合せ溶接のギャップがg=0.15mmと板厚の10％（許容ギャップ）以上に大きい場合の例を図5.21に示す。同様に、レーザが接合端面に照射されて温度が上昇して体積膨張する。レーザ照射は端面部分なのでフリーな溝方向に膨張する。しかし、ギャップが大きい膨張した溶融金属は中央部分が中間点で遭遇するが、冷却が始まり内側に収縮する。上下は中心点に達しないので粘性と表面張力が働いているこの領域では上下にへこみが発生する。図は実際のシミュレーションの動画から抜粋して示した。溶接速度は6m/minの場合である。照射とともにレーザ光を吸収して発熱すると熱伝導が始まる。ギャップの接合面は加熱され発熱する。加熱が続いて熱源が熱膨張をして一部が接合するが、接合面の上面と下面で溶融金属は粘性と表面張力で中心部に寄る。その後に熱源が通過するとともに冷却が始まり徐々に溶融部が収縮する。

　実験との照合を図5.22に示す。溶接速度は6m/minの時の実験とシミュレーション結果である。ギャップがg=0.15mmで非常に大きい場合である。この場合は速度が速く熱が十分に伝わらないために上下に盛り上がらずに境界面で上下に窪みが生じ、いわゆるアンダーフィル（under fill）の状態が生じる。

(a) レーザ照射

(b) 熱膨張

(c) 溝の埋合せ

(d) 最終断面

```
材料：SUS304
サイズ：100×100×1mm
出力：3.4kW
溶接速度：6m/min
ギャップ：g=0.15mm
```

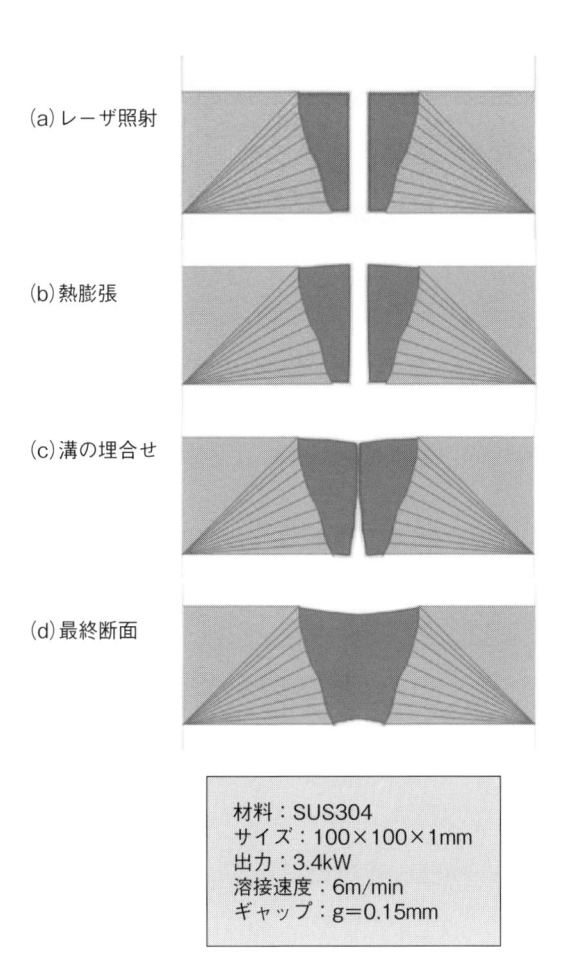

図5-21　ギャップが大きい場合のシミュレーション（g＝0.15mm）

　実加工の実験条件は出力4 kW（ノズル先端で3.4kW）のLD励起YAGレーザを用いた。スポット径は φ0.6mmで実験では板厚1 mm、板寸法100×50mmのSUS304を用いて、ギャップをg=0.005mmから0.20mmまで変化させ突合せ溶接実験を行った。加工サンプルにおける突合せ面は放電加工により面加工を行い、接合面の間隙は5μm以下の精度に保たれた。溶接中は突合せ面の両隅にギャップ相当の厚みのシムを挟み、上から治具で押え固定した。溶接断面組織の観察では、ギャップが小さいほど溶融部分が拡大し、上下に盛り上がりを見せ

材料：SUS304　Size：100×100×1mm
出力：3.4kW　スポット径：0.6mm
溶接速度：6m/min

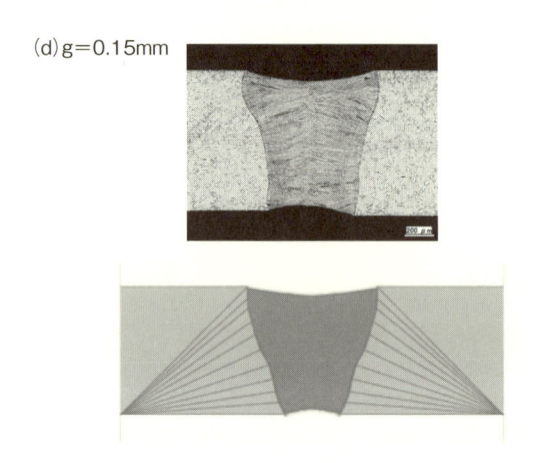

(d) g＝0.15mm

図5-22　実験結果とシミュレーションの照合（g＝0.15mm）

る。逆にギャップが大きくなるほど溶融部分が減少し、接合部が窪んだ状態のアンダーフィルになる。

5.5.4　溶接後の変形量

　最小スポット位置と突合せ面ギャップの変化による照射エネルギーの割合と体積膨張を考慮して突合せ溶接の変形シミュレーションを行った。理想状態としてのビードオンプレートとギャップを変化させた場合の変形量の計算例を**図5.23**に示した。その結果はギャップが大きいほど溶接線に沿った中心および両端の変形量が小さい。ギャップがほとんどないg＝0.005mmの状態で最大変形は0.28mmで、ギャップがg＝0.25mmの状態で最大変形は0.10mmであった。ビードオンプレート（最大変形量＝0.47mm）と比較して相対的に変形量が少ないのは、レーザエネルギーがギャップ内を通過することにより実際の関与エネルギーが減少していることに加えて、材料の接合部で不連続となる溶接境界のギャップ内の溶融部分が溶融過程で緩衝し、変形が抑えられるためと思われる。

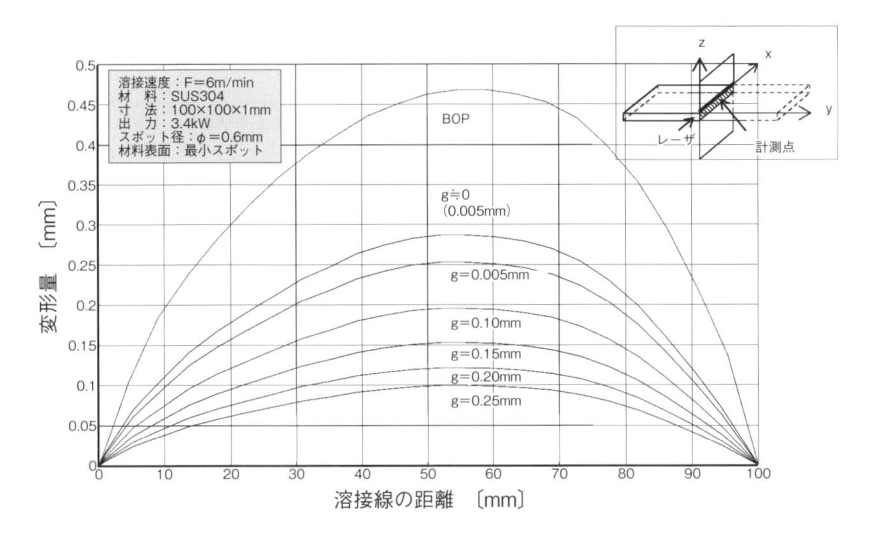

図5-23　加工実験の試験片保持

5.5.5　突合せ溶接と角変形量

　薄板の溶接では面内変形に加えて角変形（angular distortion）が存在する。角変形は側面から観察した横曲がりの変形で、レーザ照射による溶接線を中心に、左右の先端が上昇し折曲がるように反る。この角変形も主要な溶接変形の1つである。

　突合せ溶接時に生じる角変形のシミュレーション結果を**図5.24**に示す。角変形は面内変形と同様に、最大膨張のときに最大となるが、冷却以降に少し元に戻る。**図5.25**には、溶接速度をパラメータにギャップを変えた場合の角変形量を示した。溶接速度は6 m/min時と8 m/minの2通りで示した。ギャップが広がるにつれて角変形は減少する。また、溶接速度が速いほど角変形は小さい。図内のプロットは実験値を示す。なお、溶接の変形量に対してはすべて溶融体積膨張を考慮している。

　薄板の突合せ溶接では、ギャップのある溶接では溶接加熱時に横方向に大きく膨張し、溶接中心を越えることによって、ギャップが埋まり溶融層が形成される。突合せ溶接において、ギャップが小さい場合には接合壁面が膨張し、双方が溶接中心で接するときに、上下方向に溶融金属が押し出されて盛り上がり

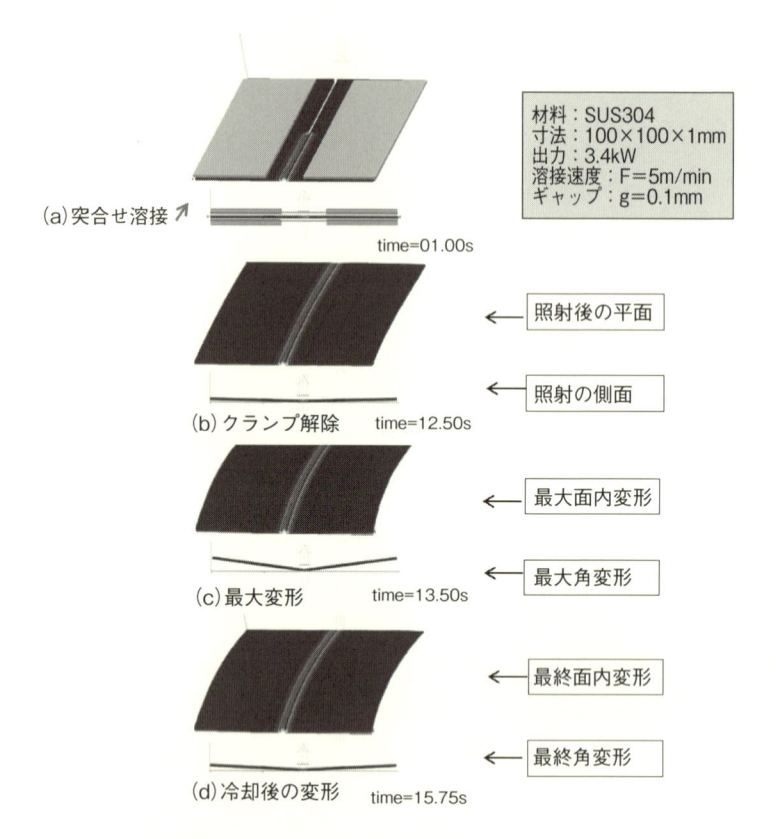

図5-24　突合せ溶接の角変形シミュレーション

を形成する。

　反対に、ギャップが大きい場合には膨張で溶接中心に達する溶融金属の体積が少ないために、上下がアンダーフィルの状態になる。

　突合せ溶接では、突合せ面のギャップが大きくなるほど溶接線に沿った方向の変形量が小さくなる。また、ギャップが大きくなるほど角変形が小さくなる。ギャップのある溶接では、エネルギー密度がきわめて高い場合を除いて基本的にキーホールは発生しにくいが、ギャップ側面にレーザ光が照射されることによって貫通に近い溶接形状が得られる。

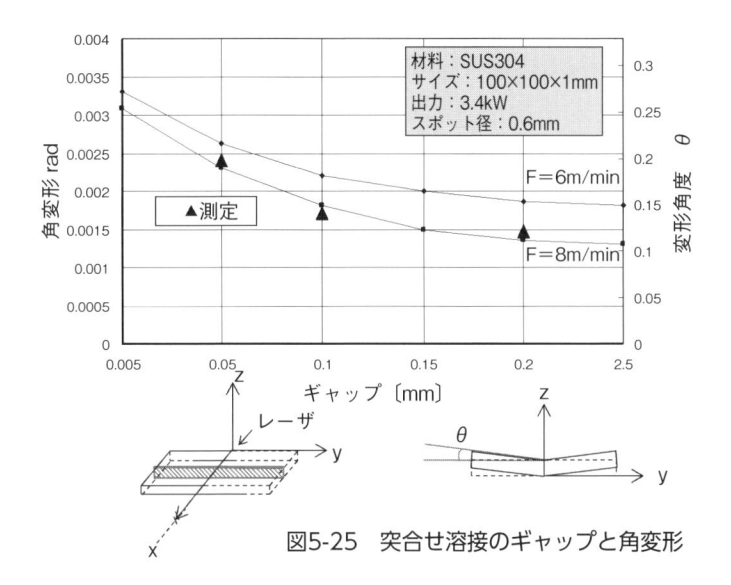

図5-25 突合せ溶接のギャップと角変形

5-6 重ね溶接 [8, 9]

　上下に重ねた2枚の板を接合する重ね溶接（lap welding）では、表面状態や中間のギャップが溶接性能を左右する。上から行う一般的なワンサイド・アクセス（access from one-side）で重ね溶接した場合を考える。材料は板厚1 mmの薄板ステンレスで重ね溶接における中間ギャップ（間隙）が溶接性能に及ぼす影響と、角変形を含めた板の熱変形を検討する。

　重ね溶接のシミュレーションは、同様に放熱や対流および接触伝熱などを考慮した有限要素法による三次元熱解析で行った。材料寸法が100×100 mmで板厚1 mmのステンレス材（SUS304）を想定した2枚の平板を上下に重ね、その間にギャップを設定した。中間のギャップ部分には材料の熱定数（熱伝導率、熱拡散率、比熱）や密度などが空気と同じ疑似空気層を設けた。これにより不連続になることがなく計算が可能である。実際の溶接に合わせて、溶接時に材料はクランプで固定した。このクランプにより材料は上下方向が固定され、左右方向への移動は可能（自由）である。

　図5.26にはシミュレーションモデルの座標系を示す。

178　第 5 章　レーザ溶接加工

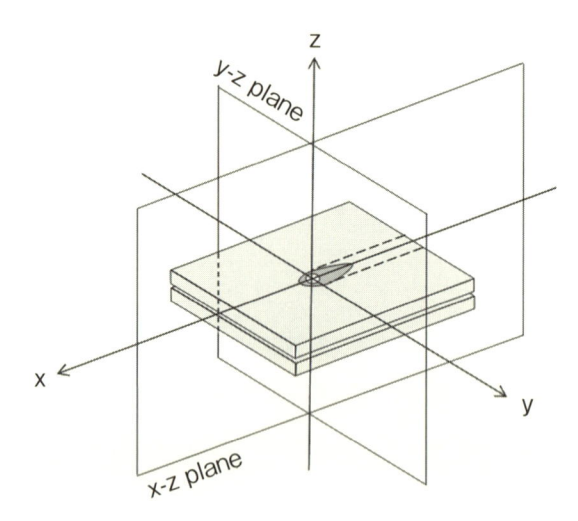

図5-26　三次元シミュレーションの座標系

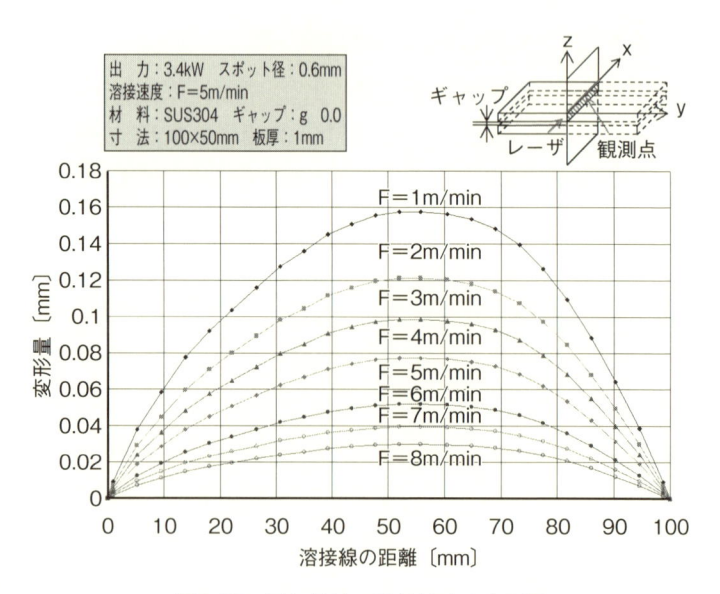

図5-27　重ね溶接の溶接速度と変形量

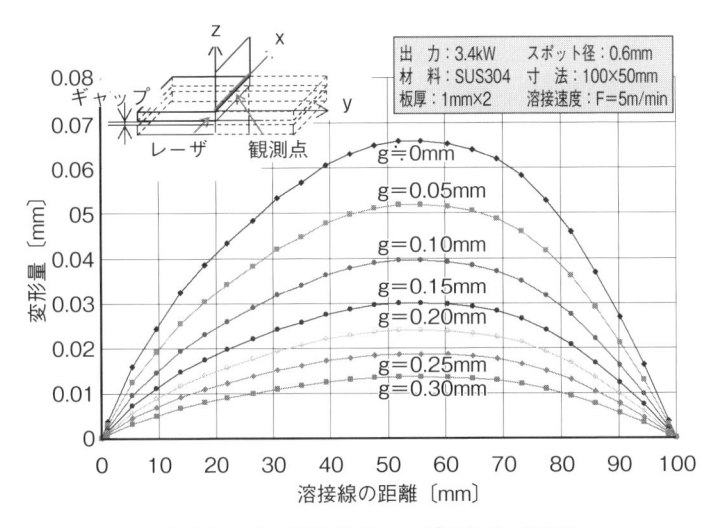

図5-28 重ね溶接のギャップ変化と変形量

5.6.1 重ね溶接の加工現象

（1）熱伝導型の重ね溶接

　ギャップは可能な限りの加圧の下で固定し、g≒0とした場合の重ね溶接の溶接速度変化と変形量の関係を**図5.27**に示した。変形量は中心の溶接線に沿った方向で溶接長さは100mmである。溶接速度を1〜8m/minの間で変化させた場合、変形は溶接速度が遅いほど大きく、反対に溶接速度が速いほど変形量は小さい。その値は一般にビードオンプレートより遥かに小さく、0.16〜0.03 mmの範囲であった。

　また、**図5.28**には同じ中心位置で、ギャップ変化に対する重ね溶接の変形量を示した。板厚1mmの2枚のステンレス板材の中間ギャップが大きくなるに従って上板の変形量は小さくなる。ギャップg=0.05mmから0.3mmまで変化させると、その変形量は5分の1以下に低減した。

　熱伝導型の重ね溶接のシミュレーションの例を**図5.29**に示す。ギャップの小さい場合（g=0.05mm）と、ギャップが板厚以上に大きい場合（g=0.15mm）で、溶接速度をF=1.5m/minで一定にして比較した。比較はY-Z平面でギャップの違いによる熱伝導溶接の時間の差を示した。重ね溶接では、重ね合

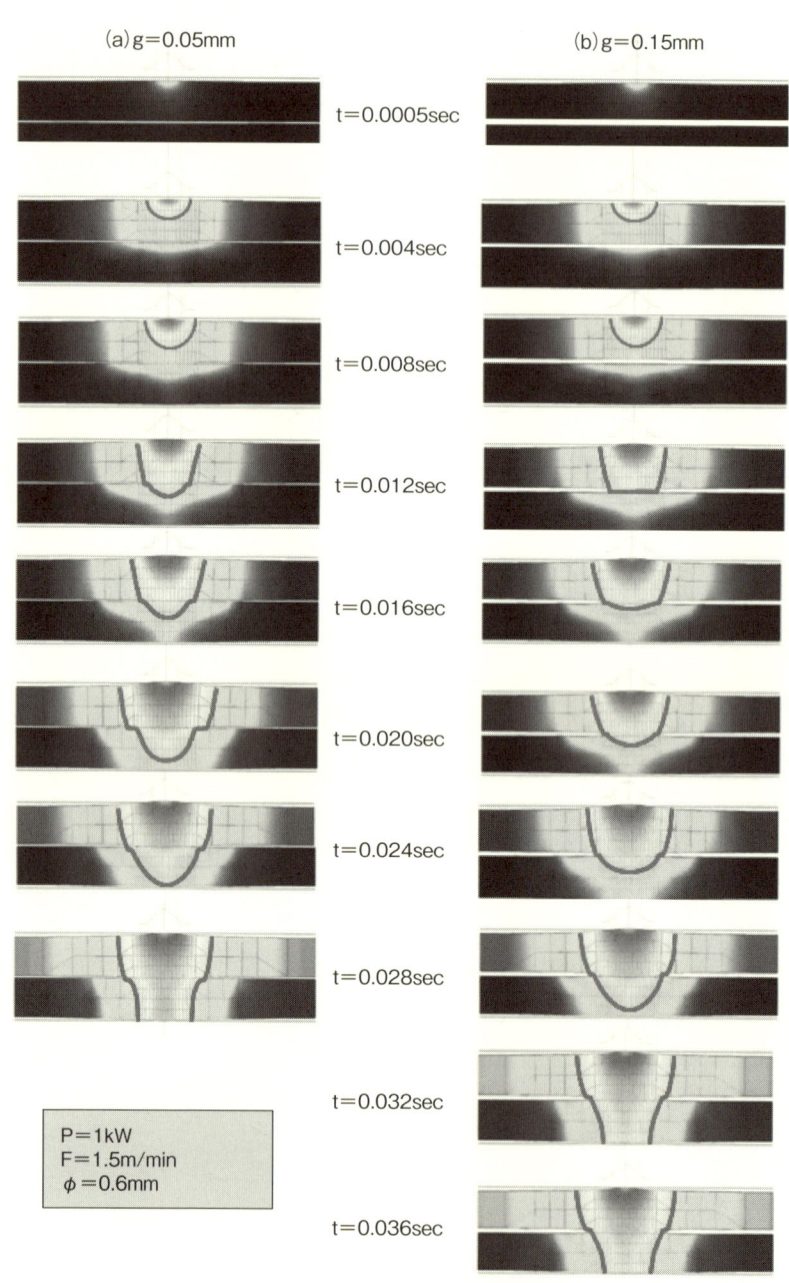

図5-29 ギャップに差がある場合の熱伝導型重ね溶接のシミュレーション

わせた上の板材が溶接中に温度上昇による熱膨張と、酸化膨張を伴う溶融が起こり、中間ギャップに到達した溶融金属は、ギャップを埋めて下の板材の表面に達して熱伝熱する。空間ギャップに相当する中間層で横に熱が拡散するので、下方への溶融と貫通速度は遅くなる。また上の部材から下の部材への熱伝導は中間層でエネルギーが用いられる関係で、いくぶん下の部材の方が溶融幅は小さくなり形状において段差が生じる。ギャップの比較では、溶融領域が貫通するまでの時間は、g＝0.05mmの場合が28msであったのに対して、g＝0.15mmの場合は36msであった。その差はたかだか8msであったが、貫通時間においてはギャップの小さい方が速い。溶融金属によるギャップの埋め合わせにそれだけ時間がかかっていることがわかる。

　ビードオンプレートでギャップがないと仮定した板厚2mmのムク（無垢）材と、ギャップを可能な限り加圧し固定してg≒0とした場合で、溶接速度を一定（5m/min）にして変形量の比較した。ビードオンプレートの場合はギャップという緩衝帯のない分だけ変形が大きくなり、その差は5.8倍にも達した。

　その結果を図5.30に示す。同じく溶接速度を一定（5m/min）にして、g＝0.05mmの場合とg＝0.15mmの場合の角変形についての比較を行った。角変形では溶接線を中心に左右の先端が上側に曲がるが、下の板から曲がりはじめて上板に接するように変形が起こる。そのため重ねた上部の材料と下部の材料で

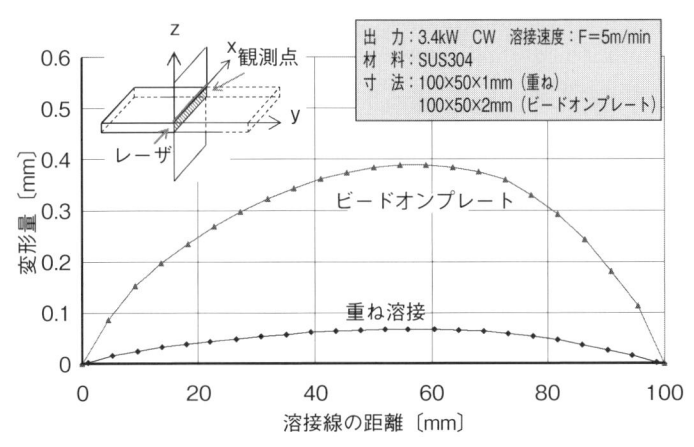

図5-30　ビードオンプレートと重ね溶接の変形量の比較

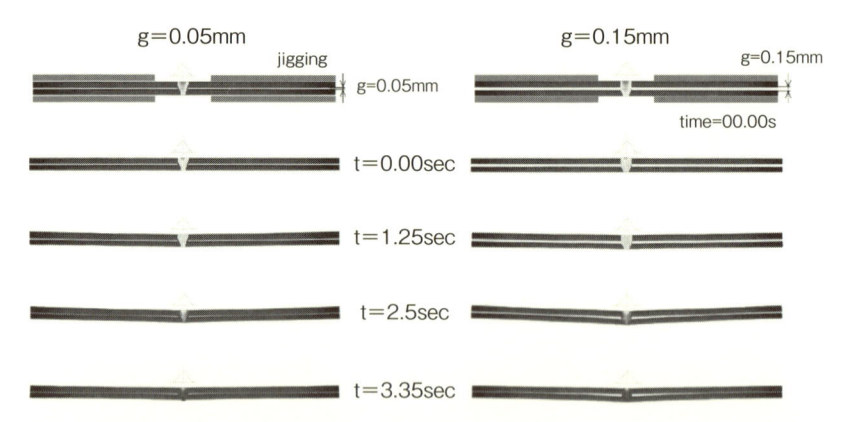

材質：SUS304、寸法：100×50×1mm　出力：3.4kW、溶接速度：5m/min、スポット径：0.6mm

図5-31　ギャップの違いによる角変形の比較（動画抜粋）

は角変形量が異なり、下部の材料の角変形量の方が大きい。**図5.31**にその結果を示す。ギャップの大きいg＝0.15mmの場合の方が、角変形が終了までの時間がかかる。概して、中間ギャップが大きくなるにつれ、重ね溶接の角変形は全体に大きくなる。またその差は中間ギャップの大きさに比例する。

（2）キーホール型の重ね溶接

　高出力レーザを用いた溶接では、材料面でエネルギー密度がおおむね10^5W/cm^2より高い場合に溶融地にキーホールが発生することが知られている。このような溶接を「キーホール型」というが、ここでキーホール型の重ね溶接について検討する。

　高密度状態の溶融池に生じた窪みで蒸発が生じ、キャビティが形成されることは述べた。これがキーホールであり、これらの現象は高速度カメラによる観測から一定の挙動は確認されている。しかし多くの場合にキーホール溶接がなされていると考えられる割には実態の解明は少ない。キーホール溶接が起こる薄板重ね溶接については、溶接時の詳細な熱伝導の挙動や変量量は定性的にも定量的にもいまだ不明な点が多い。そのため、詳細な情報の少ない中から文献と著者らの議論からシミュレーションに際していくつかの仮定を設ける。

①レーザが材料に照射され溶融が起こり溶融池にキーホールが発生するが、溶融池でキーホールの発生する時間は、溶融して2 ms後に蒸発温度に達してからと仮定する。
②キーホールは、溶融池が深さ方向に拡大して温度がさらに上昇すると、キーホールもそれに伴って深さ方向に進行する。
③キーホールは溶融池内の熱源直下で発生し、その径に変動はあるものの上面のスポット径にほぼ等しいと仮定する。
④キーホールは上の板と下の板では径が異なり、また貫通する場合、重ね溶接の上の板と下の板とでも径は異なり、その径は下方にいくほど小さい。

5.6.2 重ね溶接のシミュレーション

　上記の仮定の下でシミュレーションを行った結果を**図5.32**および**図5.33**に示す。図5.32は重ね溶接の上下間のギャップが、g=0.05mmとg=0.15mmの場合のy-z平面でみたシミュレーションを示した。ギャップの差が貫通溶接に及ぼす影響をみたものである。キーホールが生じる溶接では貫通時間はかなり早くなり、この間ではギャップの違いによる貫通時間の差はほとんどない。図5.33にはギャップがg=0.05mmの場合で、y-z平面とx-z平面での溶接挙動を示した。x-z平面では最終的に、溶融池のキーホールの内力と上からのアシストガスとによって溶融金属は後方に流され一部が溶融池からオーバフローする。その後、キーホールの消滅とともにともに冷却される。溶融金属の冷却は高温部ほど速く時間経過とともに流動性を失うため、冷却固化の始まった後方の溶融金属に新たに発生した溶融金属フローがずれて重なり、この繰り返しでウロコのような溶融ビードが形成される。

　図5.34（186頁）にはキーホール形成時の溶融膨張の状態と最終の窪みとオーバフローした時の観察位置でのシミュレーション断面を示した。実際の溶融形状との参考比較でも計算結果とほぼ類似の形状が得られている。

5.6.3 実加工実験による検証

　シミュレーション結果を検証するために、板厚1mmのSUS304を2枚重ね

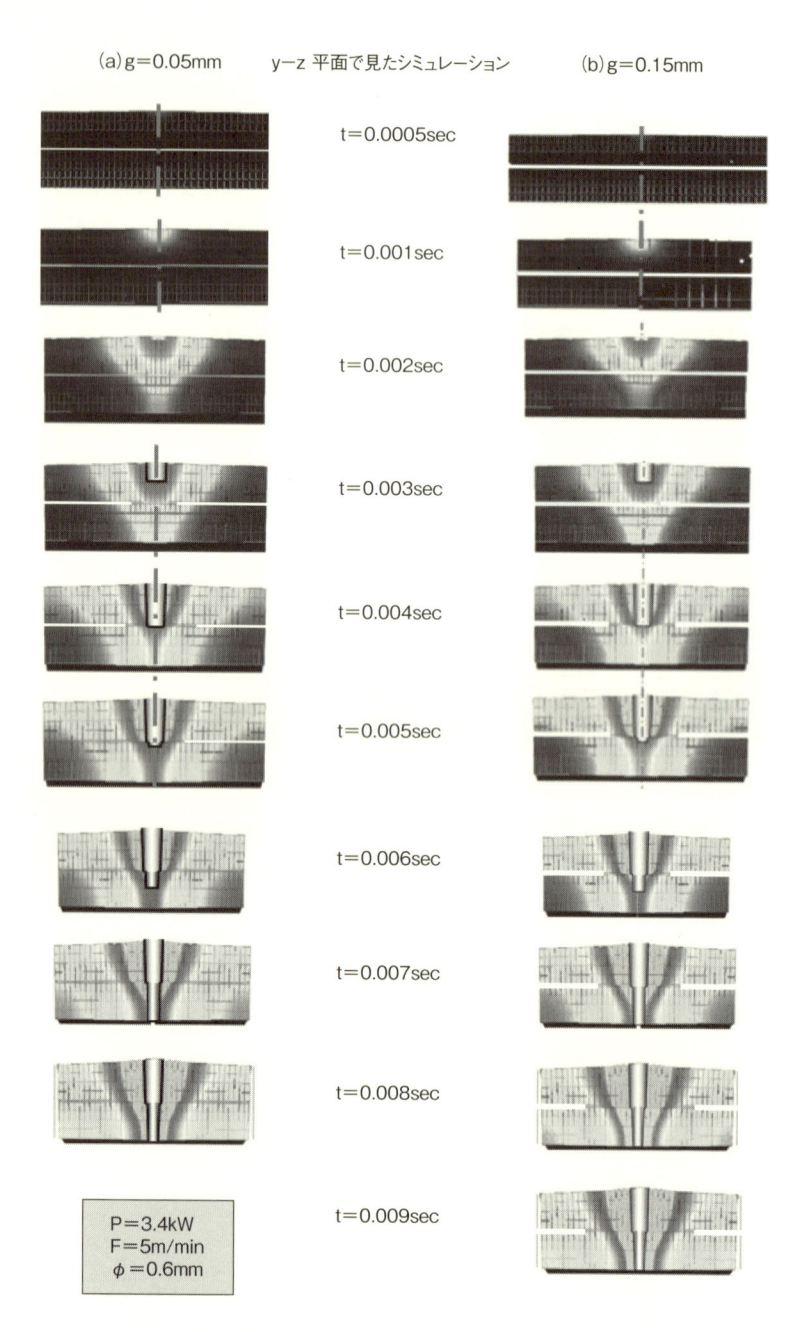

図5.32 ギャップに大小の差がある場合のキーホール型の重ね溶接挙動

5-6 重ね溶接　185

g=0.05mm

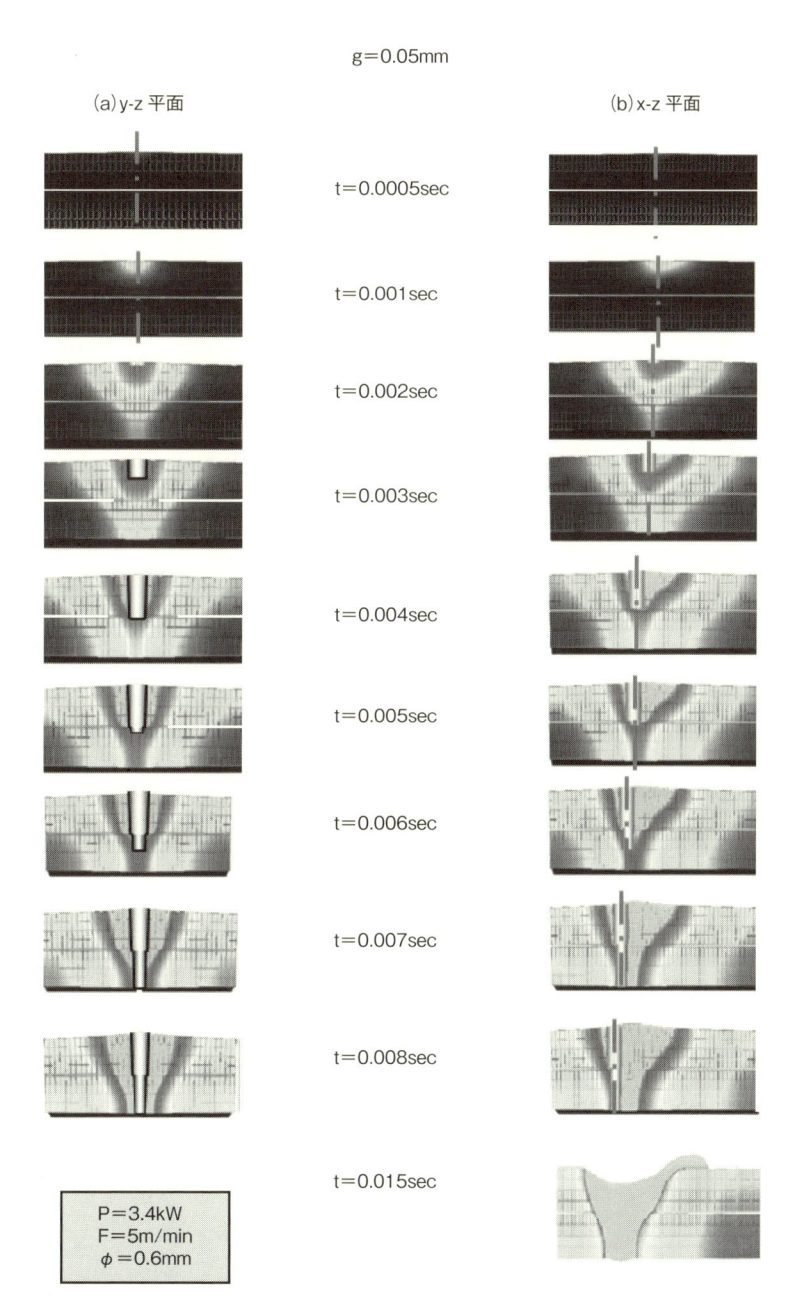

(a) y-z 平面　　　　　　　　　　　　(b) x-z 平面

t=0.0005sec

t=0.001sec

t=0.002sec

t=0.003sec

t=0.004sec

t=0.005sec

t=0.006sec

t=0.007sec

t=0.008sec

t=0.015sec

P=3.4kW
F=5m/min
φ=0.6mm

図5.33　ギャップが同じで観察面を変えた場合のキーホール型の重ね溶接挙動

186　第5章　レーザ溶接加工

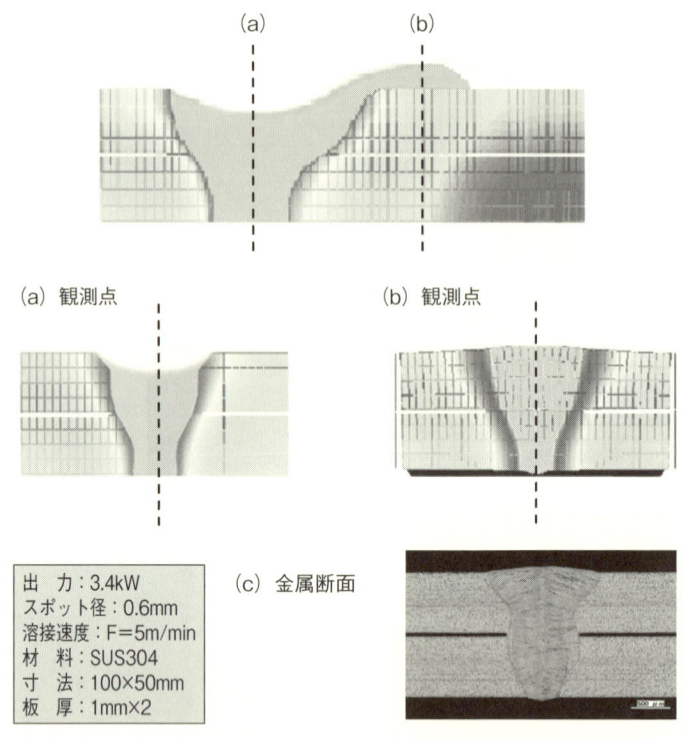

(a) 観測点

(b) 観測点

出　力：3.4kW
スポット径：0.6mm
溶接速度：F=5m/min
材　料：SUS304
寸　法：100×50mm
板　厚：1mm×2

(c) 金属断面

図5-34　キーホール型溶接での各位置の溶接形状と実際との比較

出　力：3.4kW　スポット径：0.6mm
材　料：SUS304
板　厚：1mm　寸　法：100×50mm

g=0.005mm
F=2m/min

F=4m/min

F=5m/min

F=7m/min

1mm

F=5m/min
g=0.05mm

g=0.15mm

g=0.25mm

g=0.30mm

1mm

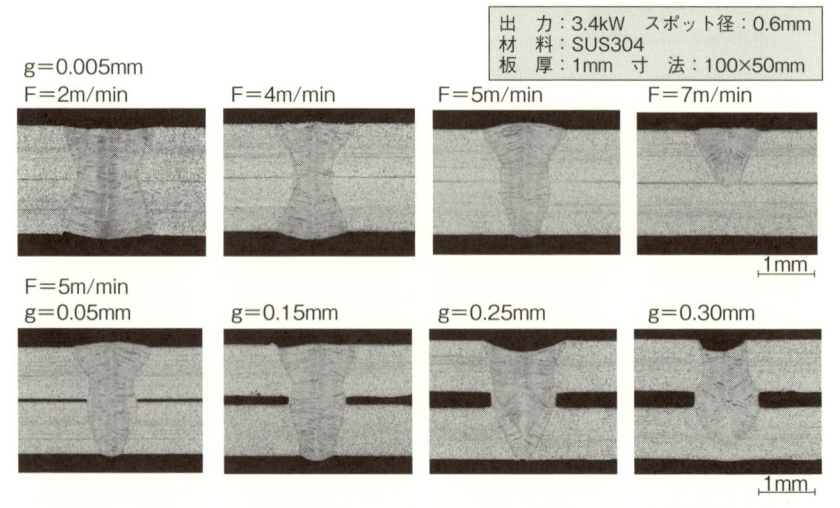

図5-35　ギャップと溶接速度を変化させた場合の重ね溶接の断面組織写真

合わせて板材の中央部を溶接線にして重ね溶接実験を行った。溶接速度を変化させた場合とギャップをほぼ隙間のない状態 g ≒ 0（g=0.003mm）と、g=0.05mmから0.30mmまで変化させた場合の重ね溶接実験を行い、断面組織の形状の観察を行った。実験では重ね合わせ面の間にギャップ相当のシムを挟み、上から冶具で押え固定し溶接を行った。このとき、シムは溶接線上にかからないように溶接線の左右に配した。

その結果を**図5.35**示す。上段はg=0.005mmで2枚の板を密着して、溶接速度を2～7m/minまで変化させた密着状態で溶接した場合の断面組織写真である。中間の接合状態は良好で溶融ビードは安定している。溶接速度が遅い場合には板の上面と下面で溶融組織が横方向に広がる。一方、溶接速度が速くなると溶融金属は下面まで十分に届かず、上面だけで広がる。下段は溶接速度を5m/min一定にして、ギャップをg=0.05mmから0.30mmまで変化させた場合の断面組織を示した。中間ギャップが大きいほどエネルギーが中間で用いられ溶融組織が広がるとともに、溶融金属は下面まで達していない。

また、上面がアンダーフィル（under fill）状態となり窪みができた。比較のために、**図5.36**にg=0.05mmとg=0.15mmの場合の、加工実験と同じの条件のシミュレーション結果との照合を示した。中間ギャップを貫通するのに時間を要するため上板では周囲への熱拡散が大きく、いったん下板に達すると熱は下面に進むため下板では周囲への熱拡散がやや小さくなる。

ギャップ変化に対する角変形量の関係を**図5.37**に示す。縦軸は角変形、横軸は中間ギャップである。ここでθ_1は上部の板材の角変形、θ_2は下部の板材の角変形を示す。シミュレーションで求めた値を計算と表記し、上面の計算による角変化を計算θ_1とした。実測θ_1は測定の困難なため、実測θ_2にとどめた。その結果、実測値は計算よりやや下回ったがほぼ同様の結果を得た。実験およびシミュレーションとも、ギャップの量はg=0.15mmを境に中間ギャップが大きくなると変形量も大きくなった。

しかし、中間ギャップの影響によるθ_1の変化はθ_2に比べると小さい。下部の角変形θ_2の変化が大きいのは、中間ギャップがあることによって拘束条件が緩和されるとともに自由度が増し、角変形が起こりやすいためと考えられる。

188　第5章　レーザ溶接加工

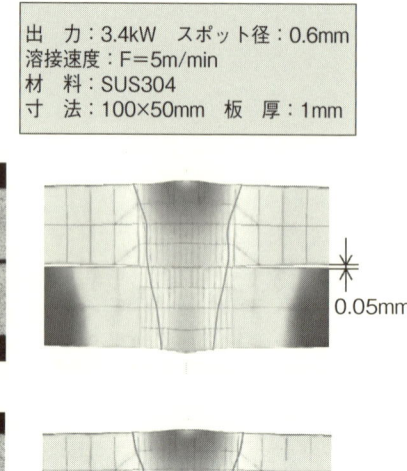

出　力：3.4kW　スポット径：0.6mm
溶接速度：F＝5m/min
材　料：SUS304
寸　法：100×50mm　板　厚：1mm

(a) g=0.05mm

(b) g=0.15mm

加工実験結果　　　　シミュレーション結果

図5-36　溶融断面積の実際との比較

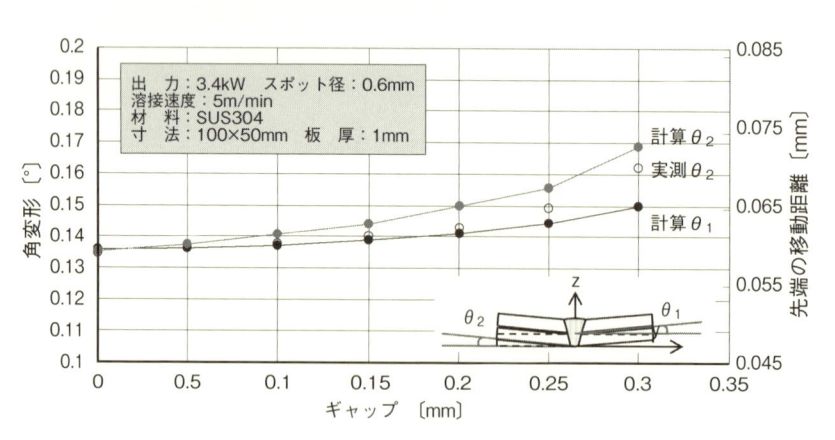

図5-37　ギャップ変化に対する角変形量

横軸には板の両先端上方への移動距離を示した。その値は溶接で生じる最小変形56μmに対して、ギャップが増すと上板の角変形は75μmまで増加した。結果として中間ギャップが大きくなるほど変形量は小さくなった。これは下部の材料への入熱量が少なくなるために変形が抑えられるようである。

5.6.4　重ね溶接の貫通時間の比較

キーホール型溶接と熱伝導型溶接の貫通時間を、ギャップがg =0.05mmの場合で比較した。その結果を図5.38に示した。キーホール溶接では、2 ms後にキーホールが形成されるとした仮定した場合で、下板のキーホール形成も瞬時となり、底面に向かう進行が速く9 msを要さないのに対して、熱伝導型では上板から順次熱が拡散し、中間ギャップで進行がやや遅くなるものの、39ms以内に2 mmの板を貫通溶接できる。

また、図5.39にはキーホール型溶接と熱伝導型溶接の変形量の比較を示した。縦軸は変形量、横軸は溶接線方向の距離である。熱伝導型溶接の方が変形ははるかに大きい。熱伝導型溶接は、キーホール型溶接に比較してレーザ出力が低く溶接時間が長くなる。さらに重ね溶接時の中間ギャップによって熱の伝播が阻害され、下部の材料への入熱量が減少することによって変形が小さくな

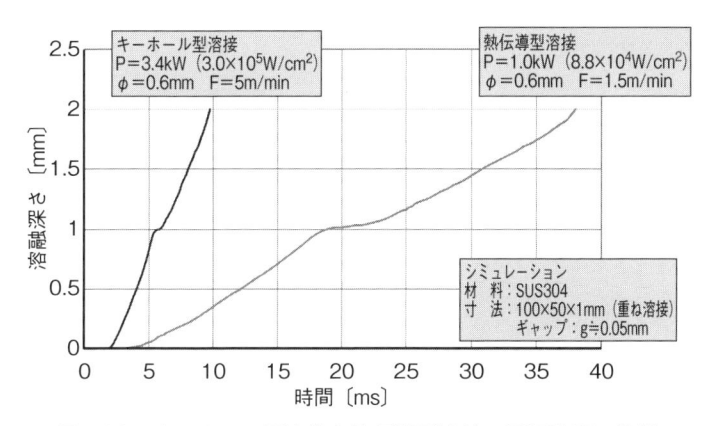

図5-38　キーホール型溶接と熱伝導型溶接の貫通時間の比較

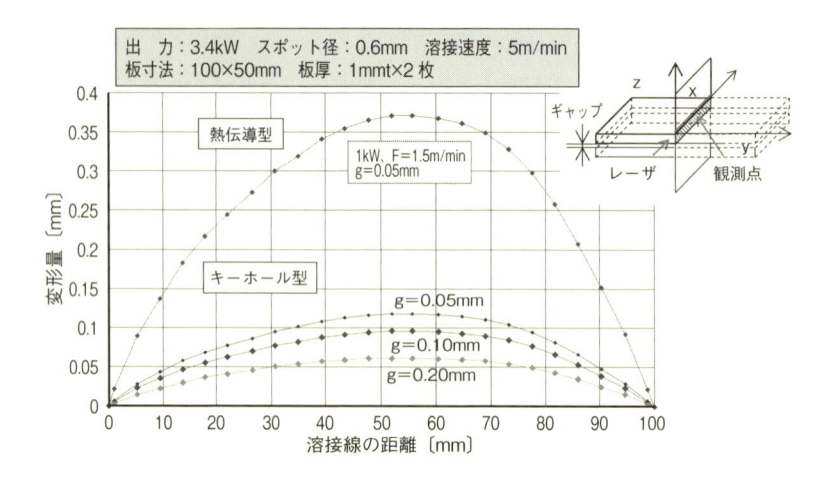

図5-39 キーホール型溶接と熱伝導型溶接の変形量の比較

ったと考えられる。

　シミュレーションによる重ね溶接の挙動を検討した結果、短時間に上部の材料表面から発熱し熱が下方に向かって進むが、ギャップのあるところで一瞬ではあるが、伝熱は遮断状態となる。その後、対流と膨張によって下部の材料に接触し、熱が急速に伝わり溶融層が形成される。1枚目の上板と2枚目の下板との間にはギャップがあることによって生じる温度分布の段差があるx-z平面での溶融池形状の比較では、シミュレーションによる薄板の溶接現象とX線観察などによる極厚板の溶接現象とは異なると考えられる。

　一連のシミュレーションから、パルス溶接や連続溶接では多くの場合に山谷のある明確な溶融痕が溶融ビードとして形成される。パルスビームによる溶接はオーバラップ量によるが、入熱が間欠的で溶融から冷却までのワンサイクルが不連続で独立しているため、溶融ナゲットが重なって形成されることに説明を要しないであろう。しかし、連続溶接では熱源が常に連続的であることから、連続的な溶融金属の単なる盛上りではなく、ナゲットが一列にウロコの（鱗）ように重なることに若干理解に難があるかもしれない。これについても多くの研究があるが、特に、Michigan大学のMazunder[1]などは高速度カメラによる溶接時のキーホール観察から、キーホールの径は常に変動していてオープンと

出力：3.4kW
スポット径：0.6mm
材料：SUS304
板厚：2mmt
溶接速度：F=5m/min

高速度ビデオカメラ
島津製作所製
Hyper Vision(model：HPV-1)

図5.40　高速度カメラによる溶融金属挙動の観察

クローズのサイクルがあることを報告している[10]。

　溶接で形成された溶融地では表面で波が発生し、蒸気圧でキーホールが開くと波が後方に向かい、キーホールが閉ざされると、波は内側に向かう挙動を示すとした。すなわち、波の進行が後方に向かっていくときはキーホールがオープンになり、溶融池壁面でターンして戻るときにキーホールはゼロにはならないで、小さく閉ざされることを観察した。なお、表面の溶融金属は高温で粘度が低く動きやすいためこのような現象が生じる。その結果、後方にウロコのような波面ができるとしている。また、比較的弱いがアシストガスの噴射が溶融金属を下方押すことから、その反力と重力で溶融液面が振動することも考えられる。

　図5.40には筆者らが行った溶融池の高速度写真を示す[11]。後方に流れる液面の流れが見える。

5-7 溶接加工の実際

レーザ溶接の事例に枚挙の暇がないが、基本的な事項について述べる。

5.7.1 溶接のパラメータ

溶接は接合する相手の部材があるため、それに関連した新たなパラメータが発生する。その代表的なものに加工材料における開先ギャップや目違いなどがあり、溶接性を高めるためには加工材料を固定する拘束治具、または溶接姿勢を合わせるための治具などが重要な要因となる。また、シールドガスの用い方にも、たとえばセンターガス、サイドガス、バックシールドなど独特のものがあり、レーザ溶接におけるパラメータの特徴となっている。

レーザ溶接の特性要因図を図5.41に示す。この諸因子の選択が正しい場合には、継手品質（溶接品質）が良好になる。反対に不適切である場合には、欠陥が生じ溶接性を維持できない。

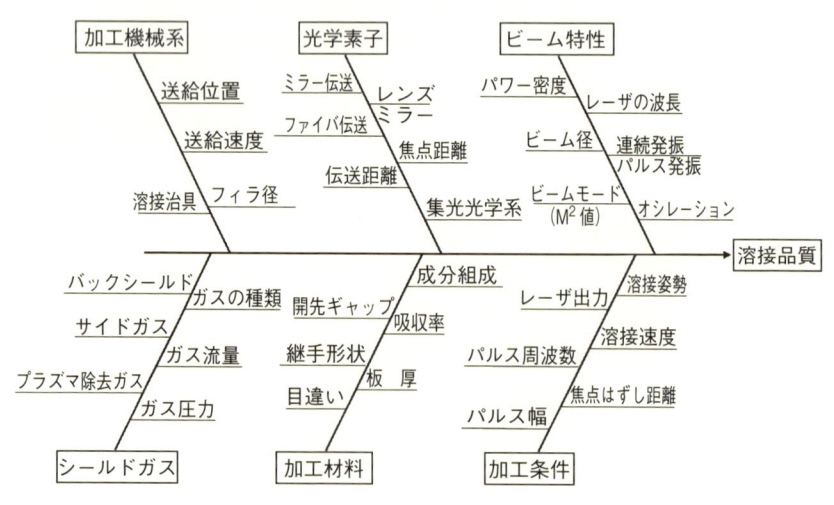

図5.41 レーザ溶接品質におよぼす因子

5.7.2 溶接の欠陥

　レーザ溶接は、すでに述べたように高エネルギー密度加工であり、加工の過程でキャビティを形成するなどの特異な現象を呈することから、多くの長所がある反面、欠陥も起きやすい。**図5.42** に代表的な溶接欠陥を示す。

（１）ポロシティ

　すでに述べように、レーザ溶接では狭い空洞であるキーホールが溶融池につくられて、そこをレーザ光が奥深くまで通過することによって深溶け込みの溶接を行うことができるのであるが、熱源が通過したあと溶融金属がキーホールに覆いかぶさるように回りこむ際に、キーホール内の金属蒸気や金属母材内のガス成分を巻き込む結果となる。これによって大小さまざまな気泡を閉じ込める。溶接部に残ったこれらの気孔を「ポロシティ」という。

　ポロシティはキーホールの先端部で、多数の気泡が溶融池内に放出されるが、その気泡は溶融池内を流動中に凝固壁にトラップされてポロシティとして残留するとしている。また、加工金属母材中にはCO_2、N_2、H_2などのガス成分があるが、ガス分析ではその量は微量でほとんどがシールドガスのものであるとしている。アルゴンは大気の巻き込みによるもので、水素は材料内部からの拡

溶接割れ（クラック）　　　　　　　　ポロシティ

アンダーカット　　　　　　アンダーフィル

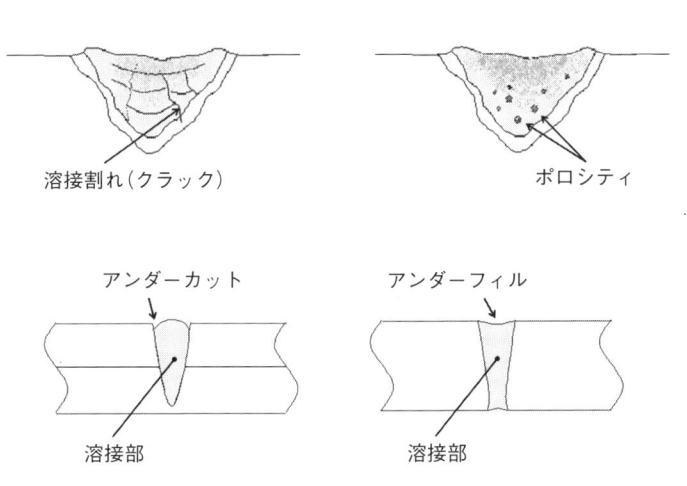

溶接部　　　　　　　　　溶接部

図5.42　レーザ溶接の代表的な溶接欠陥

散によるものである。また、ポロシティの内部は金属蒸気を含んでいるという結果もある[12]。ポロシティがキーホール内のどこの溶接部で発現するかは定かでない。すなわち、ランダム現象であるので低減するか小さくすることは可能であっても、完全に消滅することはほとんどできないとされている[13]。

（2）溶接割れ

溶融割れは温度の上昇や、冷却過程で発生する溶融部の熱歪応力よりクラックが発生する現象で、接合強度や溶接品質に大きな影響を与える。溶接割れは、冷却による凝固割れや高温割れなどもある。合金鋼や超合金、アルミ合金で冷却凝固の段階で溶接部や熱影響部に生じる。また、炭素含有量の多い鋼材の場合には凝固割れが発生することもある。

（3）ビードの欠陥

①アンダーカット

熱源のエネルギー密度が高く、小さいスポットで急速加熱冷却された溶融金属は凝固の過程で、材料成分、溶接速度などの条件によっては熱的なバランスを欠き、その結果ビード外観上で欠陥を引き起こす。ビードの欠陥の1つにとして、溶融部を熱影響層の間にクサビ状のへこみが発生する。これを「アンダーカット」という。この境界は応力集中などが起こりやすいとされている。

②アンダーフィル

また、突合せ溶接などでギャップが広過ぎる場合などに、ビードの溶融部が盛り上がらず母材厚みより内側にへこむ現象がみられる。これを「アンダーフィル」という。このアンダーフィルは溶接強度が低下することから、板厚の20%以内に抑えることが望まれる。

③溶接変形

レーザビームの照射により、材料局部で加熱溶融時には引張り応力が発生し、ビームが通過後には冷却がはじまり圧縮応力が作用する。その上、冷却開始時間が一定ではない。したがって、溶接ビードに沿って変形が起こる。また、溶接ビードが不均一となり、表面で波打つハンピングビードを生じる場合がある。レーザ溶接は、基本的に自らの材料を溶融して結合するので、溶融ビードの終端では埋め戻す溶融金属が不足してへこみ（クレータ）ができる。

5-8 溶接加工の事例

　レーザ溶接の競合技術には電子ビームがあるが、どちらかといえば電子ビーム溶接は厚板が得意であり、レーザは比較的薄板に向いている。一部の重厚長大産業の社内設備や研究用を除いて、実際のレーザ溶接は薄板や中厚板が中心である。高出力レーザを用いた場合でも高速化が目的であることがほとんどで、厚板は他の競合技術もあり、コストパフォーマンスにおいて不利であることから、現在は10kWクラスの高出力レーザは、まだ特殊な用途に限られることが多い。したがって、ここでは現在、産業用として広く用いられている薄板中心の範囲にとどめる。

5.8.1　薄板の溶接加工
（1）前加工の影響
　板材で突合せ溶接加工を行う場合、溶接の前段階での加工状態または接合面の精度などは溶接性に大きな影響を与える。それがために、レーザ溶接では開先ギャップの厳密な管理が必要となってくる。
　前加工とギャップ（接合面の隙間）が溶接継手形状にどのような影響を与えるかを述べる。
　レーザ溶接は、基本的に溶接される材料自体がレーザを吸収して発熱・溶融し、ビームの通過とともに起こる溶融金属の流れ込みと自然冷却による凝固で溶接ビードが形成される。そのため、特に突合せ溶接における溶接継手形状の善し悪しは、ビームが照射される2枚の材料間の接合部分における接触面積または溶融体積に左右される。さらに、これら接合部分は溶接の前段階における加工（＝前加工）で決定される。
　図5.43には、前加工として薄いシート材を切断するときに、実際によく使われている切断法の例とその断面を示した。材料はすべて板厚が1mmの軟鋼である。溶接での接合面となる切断面に比較では、基準となる比較切断面をつくる目的もあって、放電加工機によるワイヤカットでの切断も含める。ワイヤカット面は緻密な凹凸で形成され直角度に優れていて、接触面積がもっとも大

196　第5章　レーザ溶接加工

ワイヤカット断面

バンドソー切断面

シャーリング
断面

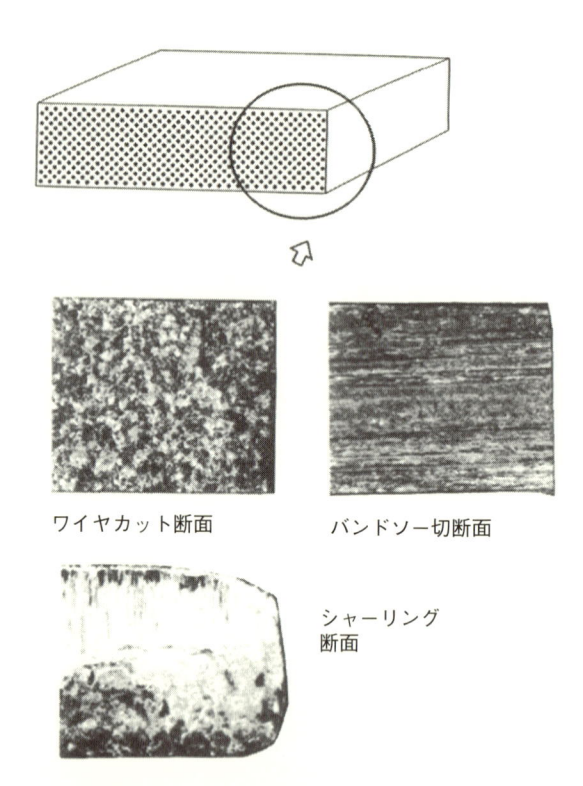

図5.43　板材の典型的な加工別端面形状

(a)レーザ照射面がシャーリング上面同士の場合　　(b)レーザ照射面がシャーリング下面同士の場合

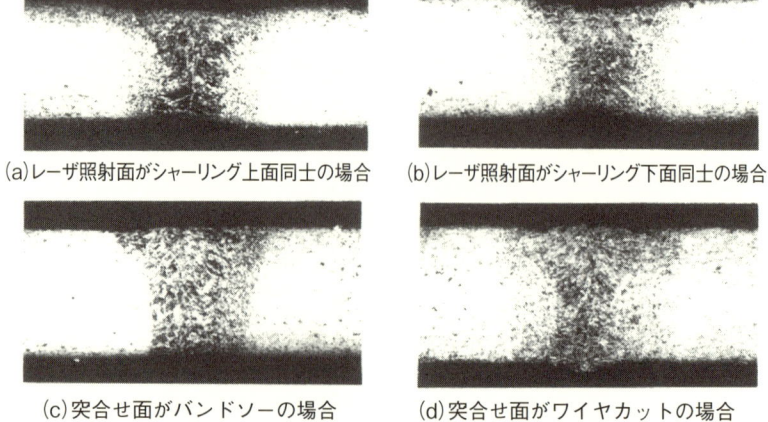

(c)突合せ面がバンドソーの場合　　(d)突合せ面がワイヤカットの場合

図5.44　各種前加工による突合せ溶接への影響

きい。また、バンドソー断面は、多数のシート材を重ね切りしたものであるが、ノコ刃が切り込まれる上面では小さいなだれが発生し、中間はノコ刃の切削による細かい筋状のラインが入っていて、切削の下面にばりの１種であるかえりが観察される。さらに、せん断加工での面、すなわちシャーリング断面は、板厚方向に向かって上面になだれが発生し、その下にせん断面と破断面が発生し、全体が丸みを帯びている。中には、あきらかにかえりをもっている場合がある。

　このような前加工の状態で、比較のための溶接を試みた例を**図5.44**に示す。（a）と（b）は同じシャーリング面であるが、（a）は、レーザ照射面がシャーリング上面同士の組合せとなる場合で、（b）はその反対の下面の方向からレーザが照射された場合を示す。ともに上面ビードにアンダーフィル（溶接部のへこみ）が形成される。

　図5.44の（c）と（d）は、前加工の切断上面がそのままレーザ照射の方向となっている。アンダーフィルはほとんどなく、マクロ写真から見る限り良好な継手断面形状を維持している。このように、接合面となる切断面の前加工の加工精度、特に溶接面の相対的な直角度が重要となることがわかる。すなわち、溶接前に２枚の材料をお互いに突き当ててみて、接合面が直角をなしたうえで接触面積が多ければ、それだけ正常でかつ良好な溶接継手形状が得られる。最近では、前加工でレーザ切断をし、続けてその箇所をレーザ溶接するという試みがなされはじめ、良質な継手形状と溶接特性を得られるようになってきた。

（２）ギャップの許容値

　溶接加工における接合面での隙間をクリアランス、またはギャップという。特に突合せ溶接における隙間を「開先ギャップ」といい、溶接条件と被溶接物の突合せギャップの許容値を「スキ量」などともいう。これらの許容値は溶接施工時の加工速度によって大きく変わってくる。

①突合せ溶接の場合

　レーザによる突合せ溶接は、熱影響層が少なく接合部分のビード幅が狭いため、母材のダメージがなく、歪みの少ない高品位な溶接を行うことができる。薄い部材での溶接では接合部分の強度が母材以上に強いため、突合せ部分の接合が正確になされていれば、引張り方向についてはビード幅が狭いほど良いこ

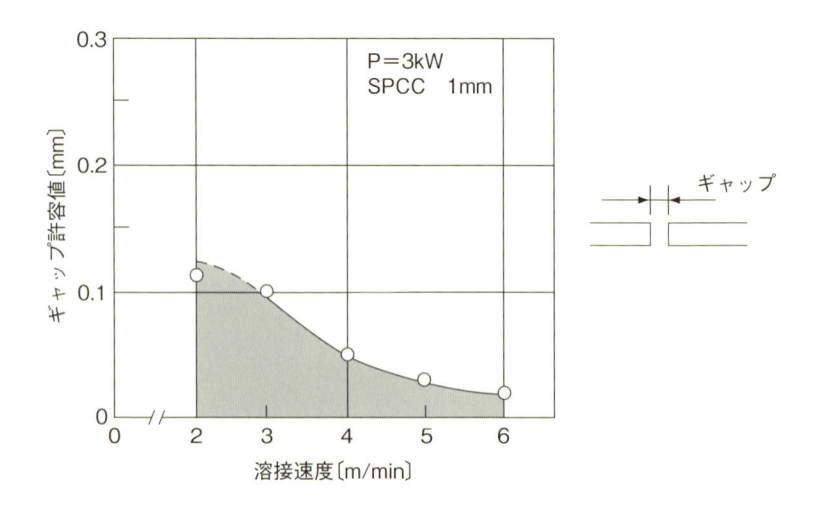

図5.45　突合せ溶接における溶接速度とギャップ許容値の関係

とにもなる。

　図5.45に一般軟鋼での突合せ溶接における溶接速度と許容ギャップの関係を示す。前加工などの種々の誤差を防ぐため、接合面はファインカットで作製された。加工条件は出力を3kW一定で、板厚1mmの場合について溶接速度を変化させた。その結果、溶接速度が3m/min許容ギャップは板厚の10％で0.1mmとなり、4m/minで許容ギャップは5％の0.5mmとなる。このきびしい許容ギャップ管理に対しては、現状では拘束治具の利用によって対処しているが、レーザビームが溶接線を正確に追従させる方法、すなわちシームトラッキング（seam tracking）技術の向上が望まれ、センサや制御技術が重要となってくる。また、ビームを振動させて溶接の範囲をとる方法や、焦点はずしを行ってより大きく許容ギャップを稼ぐ方法などが考えられているが、あまり大きくとると、かえって溶接部にへこみや落ち込みが生じる原因ともなる。

　アンダーカットは溶接継手強度に関係し、厳密な場合で板厚の20％までが強度的な保障限界とされている。この限界許容値を大きく超えた開先ギャップの突合せ溶接の場合には、やはりアンダーフィルが生じる。

　突合せ溶接における溶接面に開先ギャップと、溶接段差（目違い）がそれぞ

れ大きい場合の溶接断面写真を**図5.46**に示す。突合せ溶接では許容限界が溶接速度によっても、要求される材料強度によっても異なるが、薄板では一般にいわれている板厚の10〜15%という値よりきびしい。板厚1mmの軟鋼について、図中の（a）は目違いが5％以下で、開先ギャップが15%ある場合の断面写真で、アンダーフィルが上面で20％近くまであった。

また、（b）は開先ギャップが10%以内で、目違いが13%ある場合の断面写真を示した。材料の目違いに沿って溶接部が変形している。したがって、レーザ溶接の場合には厳格なギャップ管理が必要である。この欠点を補う意味で、レーザ溶接の際に、補助的にフィラーワイヤや金属粉末などの充填材を用いる方法などがある。

(a) 間隙（開先ギャップ）の大きい場合

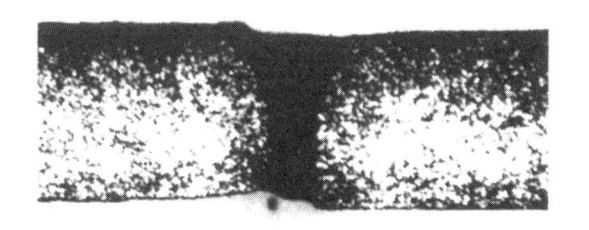

(b) 段差（目違い）の大きい場合

1mm

図5.46　突合せ溶接における開先と段差

②重ね溶接の場合

　重ね溶接において、出力を変化させた場合の溶接速度と許容ギャップの関係を図5.47に示す。出力が2.5kWの場合には溶接速度が2 m/minで許容ギャップが0.4mmあり、5 m/minで0.1mmとなり、溶接速度の増加とともに指数関数的に許容値は減少する。この傾向をそのまま維持した形で、レーザ出力を0.5kW増加すると、ほぼ比例して許容ギャップは0.05mmずつ増大する。このように重ね合わせ溶接においても、溶接速度が速くなるとギャップ管理がかなり厳しくならざるを得ない。

　重ね溶接においては、2枚の板の接合面（interface bead）でのビード（接合ビード）幅が十分にとれることが重要で、許容ギャップはこれに関連して選定される必要がある。ギャップが大きいと溶接部が柱状になり、強度は低下する。この意味で、斜線部分の範囲内で一定以上の強度が得られ安全である。重ね合わせ溶接におけるギャップ許容値は、突合せ溶接における場合よりもやや緩やかである。

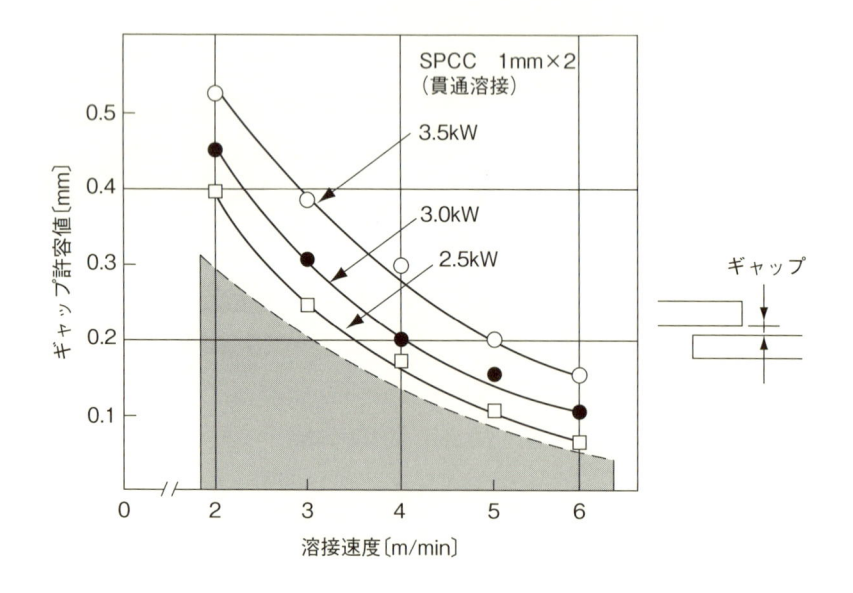

図5-47　重ね溶接における溶接速度とギャップ許容値の関係

（3）ガス流量の影響

レーザによる溶接特性を左右する重要なパラメータの1つにアシストガス条件がある。アシストガスは、通常、同軸から噴射されるセンターガスとして用いられ、溶接加工の過程で発生するプラズマによるレーザビームの吸収を低減し、スパッタからレンズを保護する役割ももっている。特に、薄板溶接においては、適正なアシストガスの圧力と流量によって溶融金属をうまく制御し、適度の盛り上がり（余盛り）を接合面の表・裏面にもった健全な溶融ビードを形成することが重要である。

アシストガスが溶接部の形成と溶融金属（溶融凝固した金属）に与える影響を図5.48に示す。流量が増加していくにつれて、溶融金属を下方に押し下げていくために表面に大きくアンダーフィルを生じ、ついには健全な接合を維持できなくなって、ビードのだれや溶け落ちが発生する。アシストガスの圧力と流量は溶接部に連動して影響を与える。アシストガスにはHe、Ar、N_2などの不活性ガスがあるが、経済性を考えてArまたはN_2が多用されている。レーザ溶接ではガス圧は、通常の薄板レーザ切断に比べれば1/10以下である場合が多い。図中のガス流量の数値は単なる一例であって、この値は加工に用いるノズル直径や圧力によって変化する。ここでの場合にはノズル径が小さく設定されている。ノズル径をたとえば6〜8mmφにとり、ガス圧を0.2barにとると、適正なガス流量はシフトして40〜60ℓ/minになる。数値は種々の条件によっては異なるが、この傾向はなんら変わることはない。

5.8.2 パルス溶接

パルス加工は原理的に単パルスの重なりであることはすでに述べたが、熱源円形を仮定して、重なり率が85%の場合の平面（x-y平面）と進行方向に平行な断面（x-z平面）、さらに進行方向に垂直断面（y-z平面）でのラップの状況を図5.49に図示する。また、y-z平面での断面（a-a断面）写真を示す。溶接ビード内に多くの単パルスの重なりを観察することができる。　連続波（CW）では、オンすると瞬時（数十ms）に立ち上がり、一定の出力をほぼ直線で維持する。オフ指令によって瞬時にベース（基底）に戻る。この連続波とパルス

Ar：30 ℓ/min

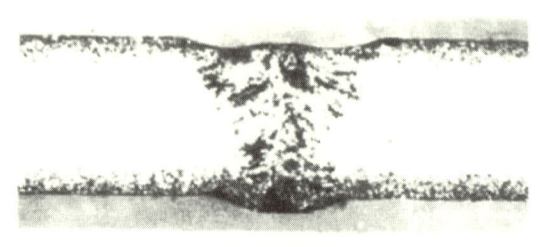

Ar：40 ℓ/min

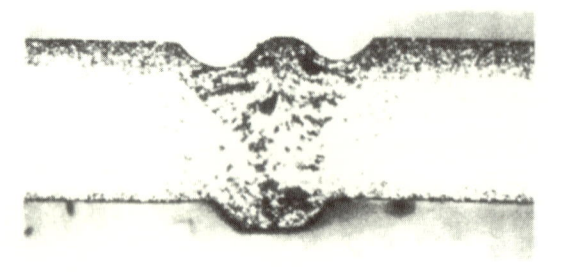

Ar：50 ℓ/min

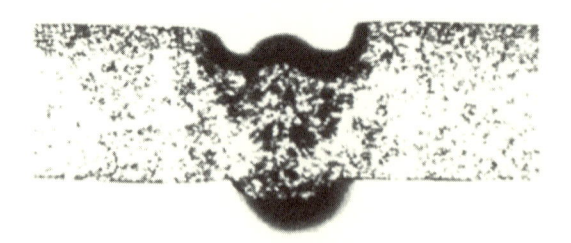

Ar：60 ℓ/min

図5.48　アシストガスが溶接部の形成に与える影響

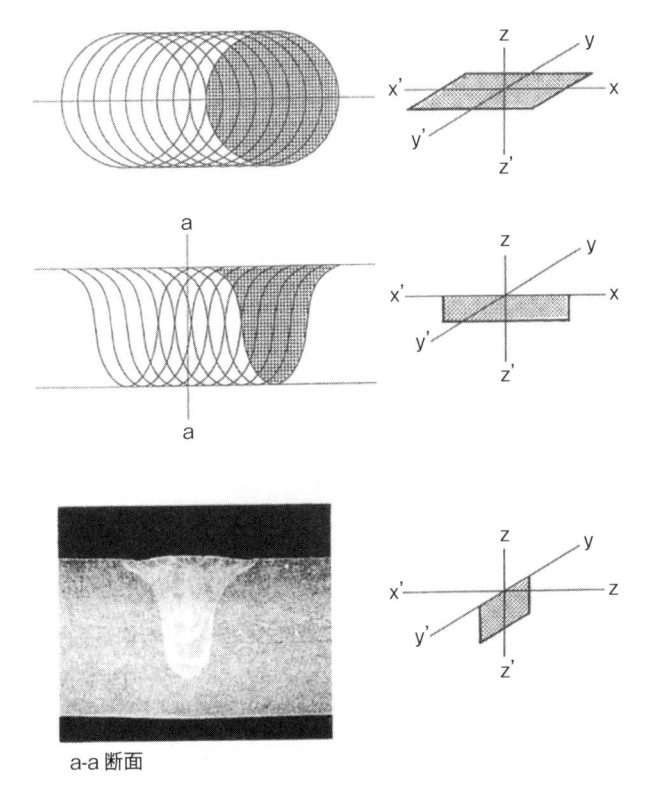

図5.49　パルスの重なりと溶融断面写真

波によってできる表面溶接ビードを**図5.50**に示す。パルス加工での溶接ビードは、輪状に円形の熱源が移動した痕跡があきらかにわかる（実際には、ビード移動に伴う溶融金属の盛り上がりと冷却凝固の繰り返しによる条痕）。

　なお、1つのパルス波形を、望むような強度分布に変化させることによって、加工特性に変化を加えることを目的にした波形制御の方法がある。これは1つのパルスを幅方向に数多く分割し、それぞれの分割幅ごとに出力の高さ指定することで、全体として1パルスの波形形状を変化させるもので、一般にパソコンなどの外部からの制御指令信号に応じて波形の輪郭を変化させる。このような波形制御は、特に溶接において威力が発揮され、先端を高めた波形ではアルミや表面処理剤の溶接で初期の貫通力を高め溶接深さを得るため、なました波

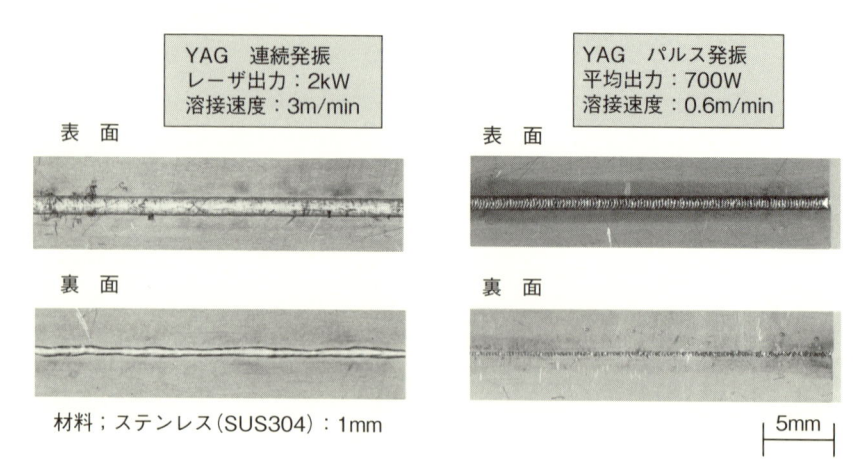

```
YAG  連続発振
レーザ出力：2kW
溶接速度：3m/min
```

```
YAG  パルス発振
平均出力：700W
溶接速度：0.6m/min
```

表　面

裏　面

材料；ステンレス（SUS304）：1mm

5mm

図5.50　パルス溶接と連続波溶接の溶融ビードの比較

形では溶接ビードの安定と品位を向上するうえで有効である。

5.8.3　シーム溶接とスポット溶接

　前述のように、突合せ継手、重ね継手などの継手形状を用いた溶接を、突合せ溶接や重ね溶接などと称しているが、溶接の施工方法による分類には、シーム溶接、スポット溶接、部分ライン溶接などがある。シーム溶接は継目（seam）を縫い合わせるという言葉から派生したようであるが、主に2枚の板の継目で連続的に線状に溶接することの総称である。スポット溶接は、2枚またはそれ以上の枚数で重ねられた板材を、一定の間隔を置いて点（spot）状でつなぎ合わせる、いわゆる「点付け溶接」をいう。このスポットを重ねていく溶接を、特に「重ねスポット溶接」という場合がある。
　スポット溶接はシーム溶接に比較して入熱量が少ないので、結果的に変形量は少ない。そのため、さほど強度を要せずに変形を嫌う製品に多用される。また、スポット溶接で強度を稼ぐためには、単位長さ当たりのスポット数を増やせばよい。
　図5.51には、板厚1mmの軟鋼（spcc）で、CO_2レーザを用いた場合の重ね継手形状でのシーム溶接の例を示す。写真の上から順に、レーザを照射した材

料表面、断面組織、材料裏面を示す。表面および断面のビード形状が安定してはじめて、健全な裏ビードが形成される。

図5.52には、板厚1.5mmのアルミ合金（A1100）で、YAGレーザを用いた場合の重ね継手形状のスポット溶接の例を示す。板を重ね合わせた部分に見られる接合面のビードは一定の幅をもち、しかも板厚があまりないにもかかわらず、裏面に溶接による熱の変色や溶接痕跡を残さないYAG特有のスポット特性を得ている。

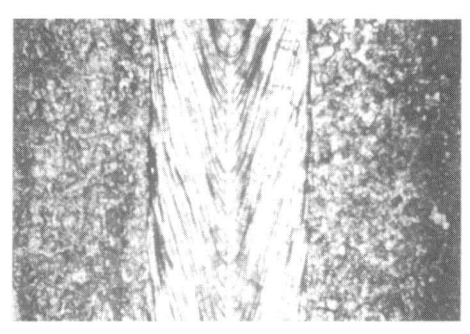

表面材料

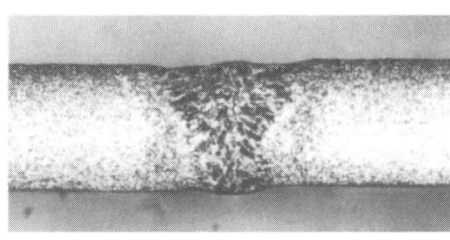

断面組織

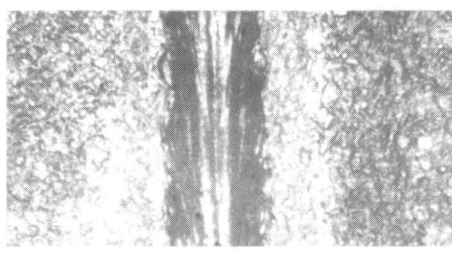

裏面材料

板厚：1mm、CO_2 レーザ：2kW EFL5"
送り速度：2m/min

1mm

図5.51　突合せ溶接におけるシーム溶接例

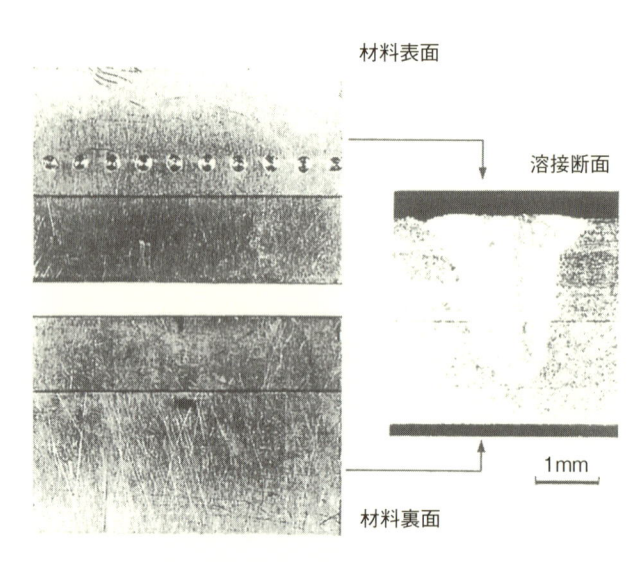

図5.52　重ね溶接でのスポット溶接（アルミ合金）

5-9　自動車産業における溶接事例

　レーザ溶接は長い間、加工単価や施工コストにおいて従来の溶接法にまさることはなかった。また、レーザ溶接はその前仕上げの厳密さから敬遠気味であった。しかし、装置が高出力化して加工速度が一段と増すに従って、溶接部以外への熱影響層の少ない効率的な溶接が可能なことから、レーザのフレキシビリティやコストパフォーマンスが向上して自動車産業にも使えるようになってきた。レーザ溶接が自動車産業に受け入れられたのは、分岐点である加工速度が、毎分数メータを超えて溶接が可能になったことに加えて、高エネルギー密度のゆえに、融点の異なる異種材料や板厚の異なる材料の溶接を可能にしたことにある。

　自動車産業における溶接事例を示す。図5.53にはドアーパネルの例で、少なくとも2種類の材質と、板厚の異なるシート材を先にレーザ溶接し、1枚板のシート材にしてその後にプレスによってドアの形に成型加工を行ったもので

図5.53　自動車工業における応用事例[14]（自動車部材のレーザ溶接）

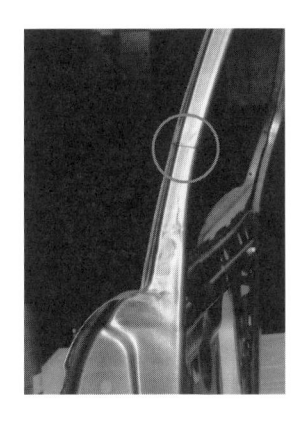

テーラードブランク材溶接
材質：亜鉛めっき鋼板
板厚：0.8/1.8mm
平均出力：3.5kW
溶接速度：10m/min

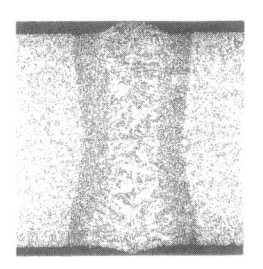

突合せ溶接
材質：軟鋼
板厚：6mm
平均出力：3.5kW
溶接速度：1m/min

ある。このような手法によって工程の自動化と省力化が可能となった。図5.53はこの内の部分写真で、突合せ溶接ではアンダーカットが母材板厚に対して80％以上を確保することが重要で、ここではむしろ溶接部が盛上っていることが重要なポイントになる。また、従来は難しいとされた板厚が極端に異なる亜鉛めっき鋼板の溶接などが実現している。いずれも高速加工ができるレーザ溶接ならではの特長を活かした技術である。

5-10　ハイブリッド溶接

　複数の熱源を用いた溶接法をハイブリッド溶接といい、特にレーザと組合せて用いる場合にハイブリッドレーザ溶接（hybrid laser welding）ともいう。ハイブリッド溶接はレーザ溶接の欠点を補うことを意図したものである。レーザ溶接はレーザ光源の優れた指向性から高エネルギー密度の熱源を得ることができるが、ビームのスポット径が小さいため、突合せ溶接などでは精密な前加工と開先精度が要求される。また、溶接線に沿って高度な追従精度が要求される上に、ポロシティなどの溶接欠陥がみられる。

一方、アーク溶接の場合には、溶接欠陥の少ない良好な溶接外観が得られるが、溶込みが浅く高速溶接には不向きとされている。溶接技法の観点からはこれらを相互に補完する必要性から開発された。

　レーザによるハイブリット溶接では、以下のメリットがある。

　①開先ギャップの許容範囲が広がり、レーザ溶接加工に容易性をもたらした。

　②レーザ熱源を付加することでアーク溶接が10倍以上に高速化する。

　③レーザ熱源を付加することでプラズマが形成され溶込み深さが増大する。

　④溶接欠陥のポロシティやアンダーカットなどを低減する。

　⑤アークの陽・陰極点を安定化し、アークのふらつきが抑制される。

などの効果がある。ハイブリット溶接の特徴を図5.54に示す。

　レーザ熱源にはCO_2レーザやYAGレーザが用いられて、主に、軟鋼やステン

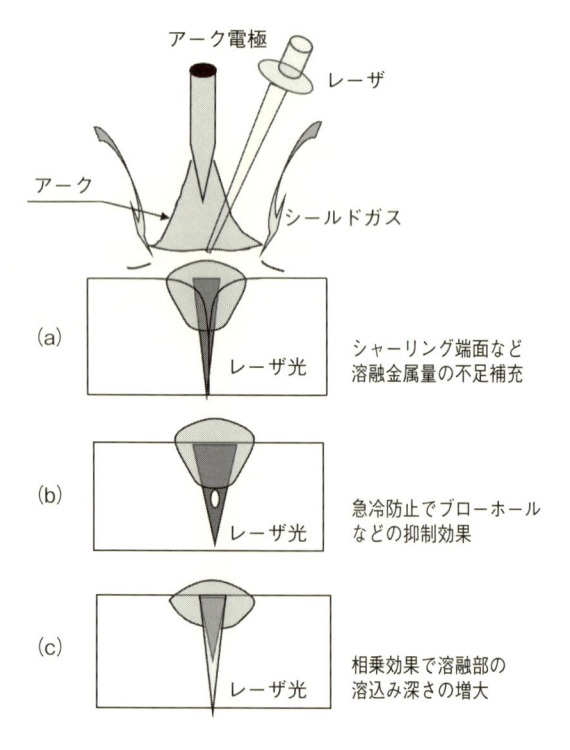

図5.54　ハイブリッド溶接のメリット

レスなどの金属材料やアルミなどの非鉄材料の溶接で用いられてきたが、その後、金属に対して吸収率のよいファイバレーザやディスクレーザなど1μm帯のレーザが用いられるようになった。レーザハイブリッドには、主に、CO_2レーザとTIGアーク溶接、およびMIGアーク溶接、またYAGレーザとTIGアーク溶接など種々の組み合せがある。これによって、開先精度が比較的悪い場合でも、また凝固割れの発生しやすいアルミ合金などにおいても、あるいは厚板溶接でも比較的高速で高精度の溶接が可能となった。

一例として、TRUMPF社のDisk−YAGレーザで行ったレーザ＋MIGアークのハイブリッドシステムを**図5.55**に示す。アークの電流値は400A未満で20V、レーザ出力は7kWであった。この換算から15kW相当になる。加工ガスには$Ar+CO_2$を用いている。**図5.56**にはこの装置で板厚12mmの軟鋼板の溶接例で、ワンパスで得られた溶接サンプルの表面、断面、裏面の形状を示す。

アルミに対するYAGレーザとMIG-YAGのハイブリッドの溶接の例を**図5.57**に示す。材料は3mmのアルミ合金で開先は0.1mm、電流値は150〜180Aで溶接速度は2m/minで行った。また、粉末（パウダー）を供給して溶融部を補強する粉末供給法もある。この方式はパウダーの供給を大きく取れば、重点すべきギャップの許容量も増加するメリットがある。

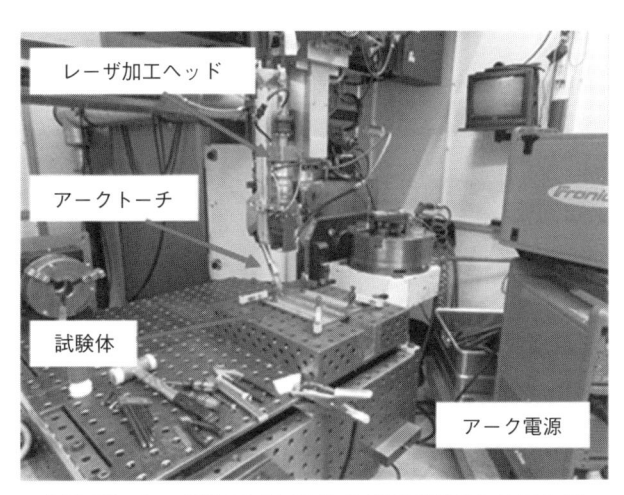

図5.55　レーザとワイヤ供給のMIG癒説のシステム例

図5.58 はステンレス鋼の粉末供給法による結果を示す。供給パウダーの平均直径は130μmだった。図の下には直後と、仕上げ研磨した溶接部を示す。

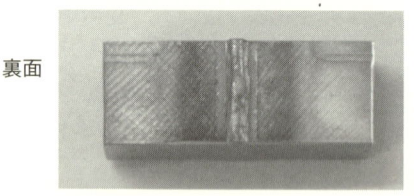

表面

断面

裏面

図5.56　レーザハイブリッド溶接加工の実施例（YAGレーザとMIGアークによる軟鋼厚板の溶接）

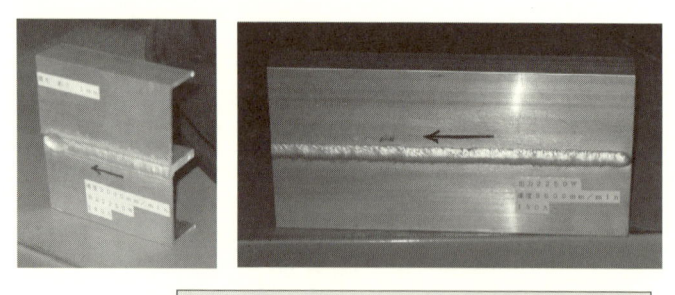

材料・板厚：アルミ、3mm	加工ガス：Ar
レーザ出力：2250W(150A)	加工速度：3m/min

図5.57　レーザハイブリッド溶接加工の実施例（YAGレーザとMIGによるアルミの溶接）

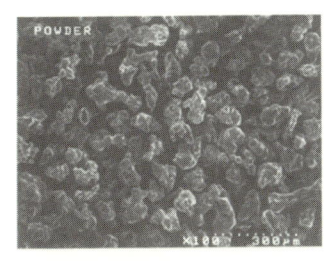

パウダー素材
（平均粒度 130μm）

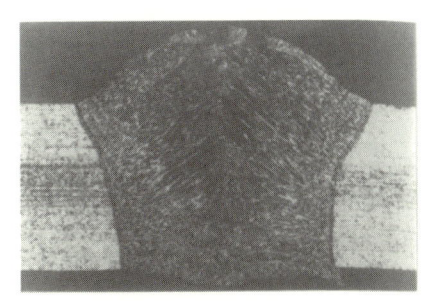

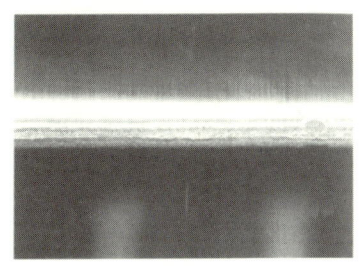

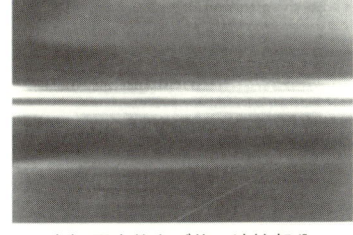

(a) レーザ＋パウダー添加による溶接直後　　(b) 研磨仕上げ後の溶接部分

図5.58　レーザハイブリッド溶接加工の実施例（CO_2レーザと粉末供給によるステンレスの溶接）

5-11　レーザ溶接の製品事例

　レーザによる溶接加工で、代表的ないくつかの応用事例を以下に示す。図5.59は連続出力（CW）YAGレーザによる電子部品のシールド溶接と、アルミ合金の溶接例である。
　図5.60はパルスYAGレーザによる箱物ステンレスのコーナ溶接と薄板のボンデ鋼板のスポット溶接で、図5.61は立体構造物の溶接事例である。生産現場での製品事例は枚挙にいとまがないが、応用は着実の浸透している。溶接一定の治具を必要とすることから、周辺技術の支援が必要である。また、加工システムは通常加工ヘッドを1つ有しているが、大板などで、加工の稼働率を上げる目的で加工ヘッドを複数にすることがある。

電位部品のシールド溶接事例   アルミ板金の溶接事例

図5.59　CW－YAGレーザ溶接事例

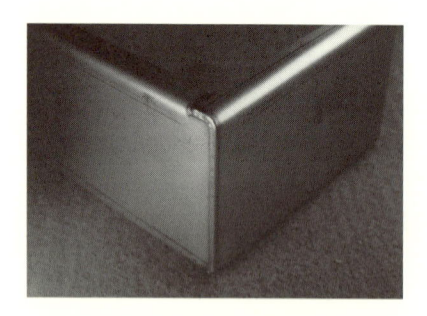

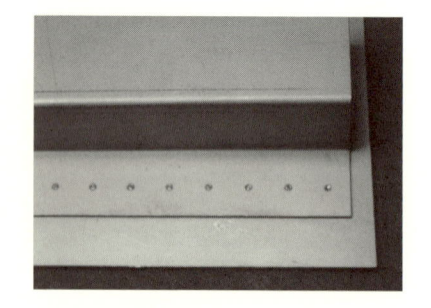

ステンレスのコーナ溶接例   ボンデ鋼板のスポットの溶接例

図5.60　パルスYAGレーザによる板金への溶接例

　その例としては、産業用の市販品にツインヘッド（twin head）の加工機がある。CNCによって同じプログラムで同時に進行できる。また、単数のヘッドでは出力増加が望めないものや、照射角度を変えることで溶融形状を改善する目的で複数のヘッドを組合せる方法がある。特に、YAGレーザの場合には、ファイバ伝送後に加工ヘッドの何本かを自在に結合して、加工点で統合するビーム合成もある。このことによって、出力の小さい発振器でも数台を束ねて溶接に用いるようにしたもので、ヘッドを傾けて照射する角度を複数もたせるとより幅広く安定的な溶接形状を達成できるとされている。

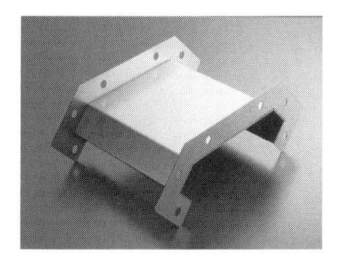

5-11 レーザ溶接の製品事例　213

(a) 薄板軟鋼の溶接

YAGレーザ
平均出力：500W
材料：軟鋼
板厚：1.6mm

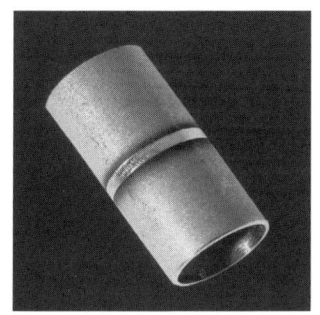

(b) ステンレスパイプの溶接

CO$_2$レーザ
平均出力：1kW
材料：ステンレス
板厚：2mm

図5.61　立体構造物へのレーザ溶接事例

【第5章　参考文献】

1) 新井、沓名、宮本「レーザ溶接加工」マシニスト出版（分担：宮本）、p 2（1996）
2) 塚本進「大出力レーザ溶接現象の解析と欠陥制御」精密工学会　分科会報告書資料、p 67（第3回研究会2002. 8. 2）
3) 瀬渡直樹「レーザ溶接におけるキーホール挙動とポロシティー生成機構の解明および防止策」レーザ加工学会誌、Vol.8, No.3（2001）p232
4) P.S.Mobanty et al「Experimental Study on Keyhole and Melt Pool Dynamics in Laser Welding ICALEO」1997 Sec. G-200
5) 新井、浅野、及川他「薄板レーザ溶接の熱変形に関する研究（第1報）－連続移動熱源による平板変位場のシミュレーション－」2007年度精密工学会秋季大会学術講演会論文集M67, p985（2007.10）
6) 浅野哲崇、新井武二「薄板レーザ溶接の熱変形に関する研究（第4報）－

突合せ溶接における開先ギャップの影響-」2009年度精密工学会春季大会学術講演会論文集L64, p909（2009.3）
7) Takeji Arai「The laser Butt welding Simulation of the Thin Sheet Metal Metals with Complex BehaviorⅠ」Springer - Verlag Berlin Heidelberg (2010), 279-296
8) 浅野哲崇、新井武二「薄板レーザ溶接の熱変形に関する研究（第5報）-重ね溶接における開先ギャップの影響-」2009年度精密工学会秋季大会学術講演会論文集I02, p597（2009.10）
9) 浅野哲崇、新井武二「薄板レーザ溶接の熱変形に関する研究（第5報）-キーホール重ね溶接における開先ギャップの影響-」2010年度精密工学会春季大会学術講演会論文集K47, p811（2010.3）
10) P.S.Mohanty et al「Experiment study on keyhole and metal pool dynamics in Laser Welding」Proceeding of ICALEO97, Section. G 200 (199711)
11) 中央大学・新井研究室資料
12) 安田他「高信頼性レーザー溶接技術の研究開発、「フォトン計測・加工技術」プロジェクト成果報告会講演集」(2002.7) pp11-29
13) 塚本進「大出力レーザ溶接現象の解析と欠陥の制御、新しいレーザプロセッシング技術に関する調査・研究分科会資料」精密工学会、p67, (2004)
14) 写真提供：(左) TWI（英国溶接研究所）、(右) 住友重機械工業㈱

第6章

レーザ作業の安全対策

安全に対する項目は多岐にわたるが、ここでは一般産業用レーザ発生装置を用いた場合の加工時の安全対策について、加工システムの管理や加工時の安全規準の運用面を考慮し、より実践的な立場からその留意およびに対策について述べる。

レーザ加工の実際

わが国では、かなり前からレーザ装置の安全な普及のために、レーザ機器の取扱いや安全に関する検討が関係各省庁でなされていた。昭和58年（1983年）には中央労働災害防止協会による「レーザー光線の安全衛生基準に関する調査研究委員会」が設置され、昭和60年（1985年）には、レーザ加工機の安全衛生対策研究委員会の設置などを経て、1986年には労働基準局による基発第39号「レーザー光線による障害防止対策要綱」昭和61年通達がなされた。レーザビームは労働省安全衛生規則第567号（有害原因の除去）における有害光線に該当するが、具体的な処置は定められていない。ただし、委員会の答申では事業所の規模別に望ましい組織体制などを具体的に示したものがあり、1つの指針を与えている。

一方、1984年に制定されたIEC（国際電気標準会議）、TC76委員会、IES Pub 825（レーザ機器の放射安全、機器の分類、要求事項および使用者への指針）を基に、わが国では通産省工業技術院、日本工業標準調査会によるJIS C 6802「レーザ製品の安全基準」が制定された。それに伴って、基発第0325002号、「レーザー光線による障害防止対策要綱」(改訂版)が厚生労働省労働基準局から発令された。これによりレーザ製品のクラス分けについては一部改正され、レーザ製品の安全から人体を保護することを目的にしてクラス分けなどが国際基準に近づけられた。クラス分けでは生体組織に及ぼすレーザ光の熱的影響と光学的影響に分けられ、従来の5段階から7段階に細分化された。これらは欧州の安全標準となっているEN-60825国際電気委員会によりIEC 60825の内容と同じで、JIS C 6802：2005はこれに準拠している。さらにJIS C 6802：2010版が発令された。これら製品の情報はレーザ製造者から提供される。安全は時代とともに変動するものとして、国際規格も見直しは定期的になされていて現在も進行中である。しかし、多少の変化にもかかわらず、依然として基発第0325002号は、安全の立場から効力をもつと解釈されている。

加工実験や研究を実際に行うという観点から、このような加工場で起こっている現象を把握することは、将来のより高いレベルの加工時の安全対策を構築する上で重要である。レーザ発生装置の高出力化に伴い、レーザ機器の取扱いに起因する危険性も拡大していることも見逃せない。

6-① レーザ加工システムの安全対策

6.1.1 レーザ加工システム

　現在、工業的に多用されているレーザには、大別して、YAGレーザやファイバレーザを主体とした固体レーザと、CO_2レーザやエキシマレーザを主体とした気体レーザとがある。それぞれ機能や用途から加工に適用されているが、それに伴い加工における熱現象や光化学反応、および波長と出力レベルによって、光と材料の相互作用のメカニズムがやや異なる。その観点から光の吸収、反射、散乱など加工場で起こっている現象を把握することは、将来のより高いレベルの加工時の安全対策を構築する上で重要であるが、ここではその理解程度に留める。

　レーザ加工システムの加工現場における基本構成は、図6.1 に示すようにレーザ発振器、加工テーブルあるいは加工ステーションなどの機械駆動系、CNC装置および機械操作盤を含む制御・ソフト系、ビームを伝送するための伝送光路系、さらにそれらに付随する周辺機器、ワーク搬送装置などの付加機能を有する補助システムから成り立っている。加工対象となる材料のサイズによって装置全体が長大にもなる。システム関連の装置に関しては、発振器、加工機ともシステム上の安全を確保するための表示がそれぞれ定められていて、必要とするところで、危険、警告、注意などを喚起するラベルを貼付することが

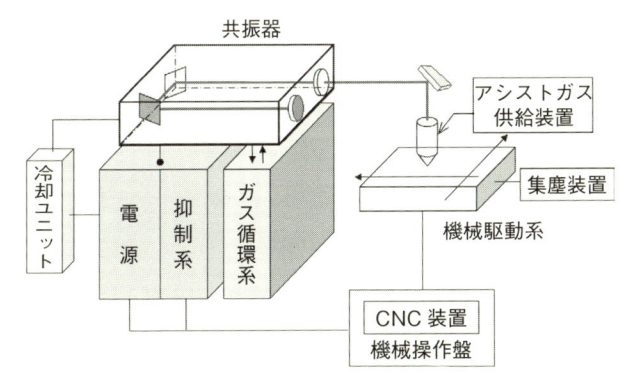

図6.1　加工システムの関連図

義務づけられている。

6.1.2 レーザ発振器

　レーザ発振器は、その中心となる共振器部分は保護筐体によって囲まれ、レーザ光が外部に洩れないようになっている。レーザ光の取り出される出口部や、出力ミラー部はボルト閉めされロックペイントがほどこされていて、工具を用いない限り外せない構造になっていることが多い。また、各所に安全ロックがあり、筐体のカバーを不用意に開放すればこの安全ロックが働き発振を中止するようになっている。したがって、開放のままでは安全装置の強制解除がない限り、ビームの発振や装置の運転ができなくなっている。

　加工時に欠かせない作業にビーム光路の確認作業がある。CO_2レーザおよびYAGレーザの場合は、波長がそれぞれ10.6μm（10,600nm）、1.064μm（1,064nm）の赤外光で不可視光である。特にCO_2レーザでは、ビームの光路に可視光のHe-Neレーザ光（ヘリウムネオン：クラス2）を重畳させて、主ビーム光路のガイド光として安全の確保をしている。加工を伴わない発振（スタンバイ状態）の場合には、発振器内で遮断され、向きを変えられてビーム・ダンパーに入れられて熱に変換される。発振器が作動中は電源部に10kV以上の高電圧がかかることから、光以外に感電の危険があるため、むやみに扉を開放しながら加工作業をしたりすることは避けたい。また、遮断後であっても直後には機器内部に触れてはならない。この種の注意や警告のラベルは発振器筐体に貼付されている。

6.1.3 テーブル駆動系

　発振器から出た光はその性質上直進するので、いくつかの反射型ベンダーミラーによって向きを変えられ加工地点に至る。この場合、光は「光学的に直線」である。ファイバの使用可能なYAGレーザなどの場合には直接加工点まで導かれる。この加工テーブルに至る光の経路においても、テーブル駆動系においても「JIS C 6802」に基づく安全表示が付けられている。

　テーブル駆動系における安全対策は、

①それぞれの光中継点でのビームに対する安全
②加工テーブルでの駆動時の衝突防止
③材料クランプや駆動チェーンなどの付帯装置での安全
④剛性や強度のない箇所での人や物による過重量破損防止

などが主である。すなわち、作業中に発振器の光路内への立ち入りや、ミラーの不用意な取り外しの防止と係る作業での安全対策や、移動テーブルに触れて手を挟んだり、加工機の折れやすい部位にむやみに乗らないことが含まれている。これらの詳細はメーカから購入した時点で、その部位に安全作業のための注意を喚起するラベルが貼付されている。

6-2 作業時の安全

6.2.1 レーザ光に対する安全対策
（1）レーザ管理区域の設定

レーザ管理区域とは、レーザ光の放射の危険から人体を保護する目的で、区域内での業務活動が制御監視下におかれる領域であるが、加工時においてはほとんどがこの区域内での作業となることから、この領域全体を何らかの方法で囲いを設けることが奨励されている。さらなる安全のために、加工材料のセット、光学系の調整、あるいはメンテナンス作業を除いて、加工時にはオペレータが囲いの外部からの遠隔操作を行なうことが望ましいとされている。実例を図6.2に示す。

YAGレーザにおいては、波長の関係で特に眼に対する厳重な保護を要することから、波長に合った保護メガネの着用と、周囲へのレーザビーム放射を防ぐための遮蔽板で囲むなどの対策が必要である。レーザ装置の設置場所にはレーザ機器管理責任者、およびレーザ機器管理組織が明確となっている必要があり、緊急時の操作手順や連絡場所等が明示されていることも重要である。

（2）レーザ機器取扱者の教育

機器の取扱者については、教育訓練の規準を定め、当該任務に当たる場合には教育を適宜受けることが求められる。その内容は業務にもよるが、レーザの

220　第6章　レーザ作業の安全対策

写真提供：英国 TWI　　　写真提供：米国 Coherent 社Ⅰ
図6.2　加工の遠隔操作と保護囲い

原理、加工法、レーザ機器の概要、構造や動作、レーザの安全基礎などを行なうことが望ましい。なお「JIS C 6802」では、①システム運転の習熟、②危険防御手順、警告表示などの正しい使用、③人体保護の必要性、④事故報告の手順、⑤眼及び皮膚に対するレーザの生体効果など最小限の内容となっている。

6.2.2 レーザ作業の安全
（1）加工時の光からの防御

　レーザビームは前述のように眼には直接見えないために多くの注意を要する。加工時には、被加工材からの直接反射光や散乱光など反射光のほかに、材料加工中に加工点から可視光や紫外光などの二次反射光が発生する。**図6.3**に模式図を示す。

　反射光の直接照射、すなわち反射してきた光でも直接的に眼に当たった場合には失明の危険性がある。そのため保護メガネの着用が義務付けられている。ただし、保護メガネの役割はあくまで初期段階での防止であって、直接の長時間照射に耐えるものではないことに注意を要する。さらに二次反射光のなかには、保護メガネを透過するものがあるので、やはり加工中に加工点の直視は避けたい。安全露光距離を超えて、さらにフィルタなど紫外線や可視光線用の対策を講じる必要があるだろう。アクリルが加工域全体を覆っている場合がある

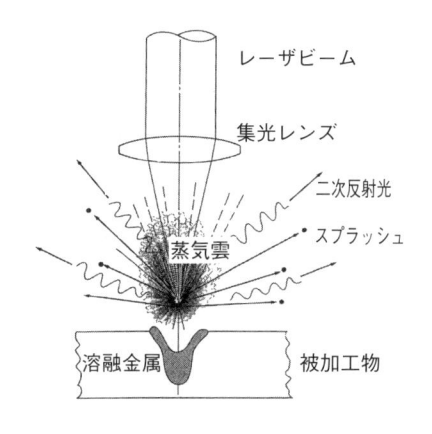

図6.3 レーザ加工時の現象

が、これも初期段階の対策であって、反射による直接光の強度によっては照射跡が発生するが、これらは時間の問題であり、光が貫通するまでの時間的余裕しか存在しないことを意味する。早期に発見して原因を除去することが大切である。

（2）加工時に発生するガス

加工は基本的に材料との熱反応であるので、材料によっては有害なヒュームや、時に有毒ガスが発生する場合がある。参考のために、金属材料の切断時に発生する悪臭と粉塵の一例を**図6.4**に示す。ガス化されるものについては、排気ダストの設置や通気の良い作業環境にすることが大切で、特殊な材料成分の熱的な反応や燃焼反応についても十分な注意が必要である。特に、塩化ビニール、ポリカーボネート、アクリルなどの高分子材料、あるいはファイバグラスや樹脂系の複合材料においては、有害または有毒ガスの発生があり得るので、特に大量あるいは長時間の加工をする場合には、必ず防塵、防毒マスクの着用や、作業場の換気対策を要する。

（3）反射光と可燃性材料の管理

レーザ加工時に火災の発生する可能性には、まず、レーザビームが加工物に当たって反射される光によるもの、次に加工中に溶融金属のスパッタ（飛散物）によるものの2通りの原因があるといわれている。特に、燃えやすい材料

> 1) 粉塵は金属の酸化物微粒子で成っている
> 2) 粉塵の組成は被加工物の金属成分組成と一致
> 3) 一部の過酸化物が呼吸器を刺激する
> 4) 悪臭の原因物質として以下のものがある
>   ＊オゾンや酸素過剰の空気中高温加熱発生
>   ＊窒素酸化物、特に NO_2 の発生

図6.4　レーザ加工時に発生する悪臭と粉塵（金属）

である木材、プラスチック、あるいは可燃物を含んだ紙、ウエス（布）、または直にオイルやグリス、アセトンなどへ接触による着火が原因となる火災が発生する可能性と危険を含んでいる。したがって、周囲へはその種のものを置かないことはもちろん、消化のための備えも必要である。レーザ切断の加工風景の一例を**図6.5**に示す。

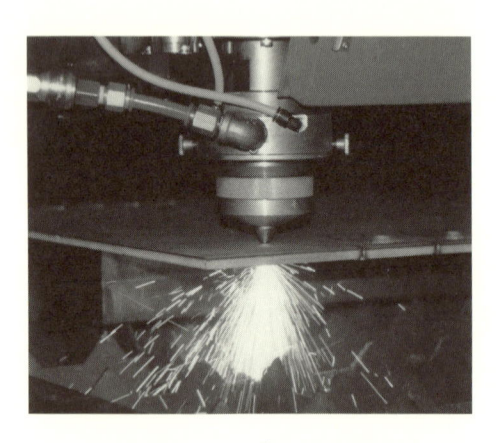

図6.5　レーザ加工の実際

（4）加工直後の材料の扱い

　加工時の事故として、意外に多いのが火傷である。特に、比較的に厚い板材においては加工に伴い、材料内にレーザ照射によって発生する多量の発熱があるため、加工直後にサンプルに素手で接触すると、多くの場合に火傷や軽くても火ぶくれを起こす。専用のクランパーや耐熱用グローブの着用が必要である。

6-3 異常発生時の措置

6.3.1　加工異常

　加工中の異常時に、優先順位が最も高いのはレーザの発振停止である。直後に機械的な駆動を停止し、次に引き起こされる危険を回避すべきである。一般に、加工中の異常とは正常に製品加工ができない状態をいうが、多量の溶融物の吹き上がり、サンプルのかす上がり、加工ヘッドの接触などが想定されるため、ビームの向きが強制的に変わる可能性があるときは光の発振停止が優先される。

6.3.2　レンズの熱暴走

　特に、CO_2レーザ加工機には、集光レンズおよび発振器の内部出力ミラーにZnSe（ジンクセレナイドの結晶）が光学部品として用いられている。これは法律で毒物劇物取締法第14条に定める物質に指定されている。このため取扱いには注意を要するとともに、使用中の管理もさることながら、使用後の破棄は不法投棄になるので、専門業者の指導やメーカへの処理依頼を奨励している。また、管理が悪い場合や、レンズの劣化及び不純物や溶融金属の表面付着している場合には、過度なビーム吸収に起因するレンズの熱破損（熱暴走と称している）が生じることがある。この際には多量のガスと粉末を発生するが、絶対に素手で触れたり、発生した蒸気や粉末を吸引してならない。詳細の対策や処置は別途メーカの指示や、関連する団体や協会の指示を仰いだほうがよい。

6-4 その他の安全対策

6.4.1 安全予防の実施と定期点検

作業が安全にできるためには、環境を維持することが重要である。機械装置の定期点検作業を怠ることなく実施し、加工を安全に遂行するために、作業前点検、作業後の点検などの実施に加え、万が一に備えて、異常時の対応マニュアルなどの常備が必要である。安全障害や異常の履歴を記して再発の防止に努めることが安全衛生対策上、作業者にも安全管理者にも義務づけられている。

レーザを利用する事業所においては安全管理組織が必要である。**図6.6**には、小規模事業者における安全管理組織の例を、また**図6.7**には大規模事業者における安全管理組織の例を示した。

6.4.2 日常安全衛生の奨励

作業環境をできるだけクリーンにし、実験後には手を洗い、うがいなどを奨励する。また、レーザ作業に限ったことではないが、溶融金属や金属粉による顔や眼などへの接触を避けるなどの対策が必要である。レーザ光線による障害を速やかに発見し対策するためには、定期的な視力検査や眼底検査などの衛生管理も必要である。

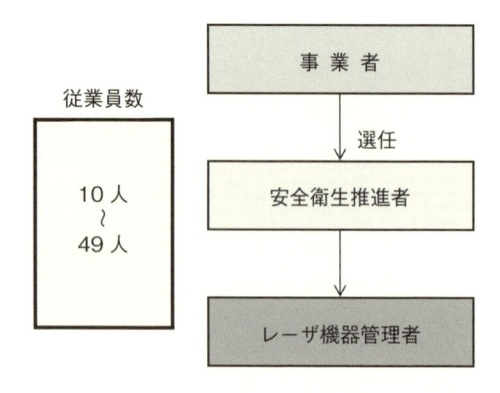

図6.6　事業所規模の小さい場合の安全管理組織

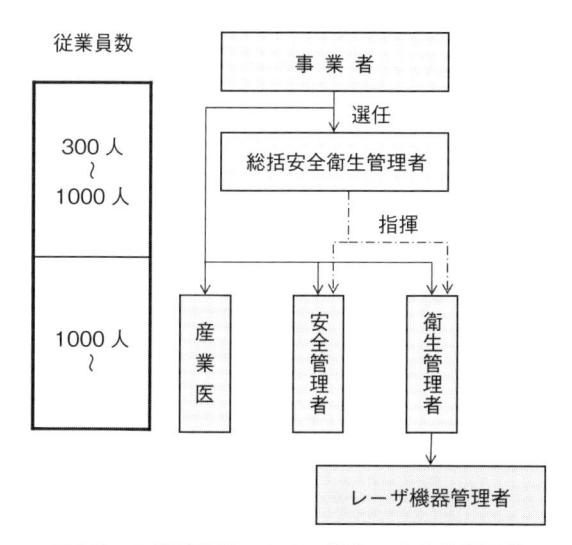

図6.7 事業所規模の大きい場合の安全管理組織

6.4.3 使用者への安全予防策

　使用者はレーザ装置のクラス分けにあたって製品に対する製造業者のクラス分けを使用する。したがって、クラス3B以上のレーザ（産業用の高出力レーザは、ほとんどクラス3以上）を運転させるような装置については、レーザ管理者を任命しなければならないとされている。レーザ管理者は取扱い上のレーザ安全の予防策を調査し、適切な管理が実行できるようにする。また、レーザ導入時には使用者にレーザシステムと取扱いの教育を含めた安全教育を行う必要がある。これは開発の技術者、研究者に対しても同様である。

　図6.8に安全に必要な安全対策の総合的な相関関係を示す。

　レーザにまつわる障害の多くは、以外にも多少取扱いに対する知識を有しているはずの企業の研究所、公的研究機関や大学などか、安全策がほとんどほとこされていない中小の作業現場に多いといわれている。前者には多少の油断と慣れが存在するが、これらはともに作業が主に管理区域内でのものが多く、光の波長が不可視の赤外光であることに起因している。

　一般の加工現場でのマニュアル通りのプログラム加工では、レーザ障害は非常に少ない。

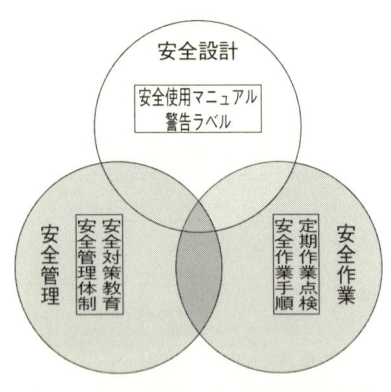

図6.8 レーザ加工時の安全の3要素

　危険と安全の間を「リスク」と称するが、加工時には正に雑多のリスクがつきまとうものである。予防の立場からは、これに対してこそ対策が必要である。加工現場では予期せぬ危険が潜んでいる。基準や安全マニュアルを超えて、常に臨機応変な対応と独自のシステムづくりが望まれる。

【第6章　参考文献】
1) 新井武二「レーザを安全に使うために－加工時の安全対策－」O plus E Vol.23, No.7（2001. 7）p829
2) 「JISレーザ製品の安全対策　JIS C 6802：2005（平成17年1月20日改正）」日本規格協会

あとがき

　昨今、「技術」はスピードが勝負であるといわれている。そのため、加工手段は「技術」の達成のためにあるとし、技術者も「加工のなぜ」を問わなくなってきた。生産技術に携わる者でさえ、生産ラインでの加工能率のみを問題とするだけで、多くは加工機メーカの作成した推奨の加工条件表に従って、板厚、材質などの条件を選び、あとは事前に準備されたプログラムのボタンを押すだけである。このように、現在の機械は技術者や技能者が考えることを不要とすることに注力している。これでは倉庫から材料を運び出して加工テーブルにセットするハンドリングロボットと大差ないように思える。技術者は機械の補助ではないはずで、常にイノベーションの新展開を求めている。

　かつて「加工」は、機械との種々の対話を通して、オペレータの意向をクセのある機械に伝えることで意図どおりに自由に操作することであった。そのため、機械に慣れた上で加工の原理を学習し、目標達成のためのノウハウを机上と実技で身に付けた。また、研究者は実験機のそばにノートと寝袋を置いて多くの時間を機械とともに過ごした。その結果、求める成果をものにしたか、成果を身近にした。機械に気持ちが通じたかは不明であるが、常に「機械と加工」を真剣に考えていたことは事実である。加工の目的は、加工量を意図するように制御することだとすると、加工精度はきわめて重要である。そのため加工技術に挑むには加工原理と材料を理解することが不可避であった。

　日進月歩の変化の中にあっては、ともすればレーザ加工機も上記の簡易操作になりつつある。しかし、レーザを少なからず経験した技術者や担当者で、ライン対応でない限りこのような傾向に同意するものは少ないであろう。なぜなら、レーザ加工機はボタン1つで結果がでるような機械ではないからである。応用の広がりにつれて常にチャレンジが求められている。そのためには機械と材料と光りの相互作用の正しい理解が必要なのである。すでに行き渡っていると思われているレーザ切断や溶接技術でさえ、材料が変わり厚みが変わり要求精度が変わると、一挙に難易度の高い技術テーマに変貌する。その意味で加工技術はまだまだ開発途上である。

エンジニアリングは常に進歩し変化しているので、技術書もそのつど書き換えが必要であり、少しでも進歩し発展した要素を取り入れることが重要である。このようなことから、今回は、実用的な「レーザ加工およびレーザ溶接加工」の最新技術をとりあげた。本書が新たな技術開発に挑もうとする多くの技術者の方々や、レーザを学ぼうとする学生や若い研究にお役に立つことを願っている。また、このような機会を与えていただいた日刊工業新聞社の出版局の方々に感謝申し上げる。

2014年6月吉日

新井武二

索引

英・数

- 3次元加工機 72
- Bell 研究所 7
- BS レーザ切断 145
- CCD レーザ変位系 161
- CO_2 レーザ 7,70
- CW-like 切断 143
- DDL レーザ 85
- Kr アークランプ 75
- LD 励起 75
- LD 励起ディスク型 YAG レーザ 88
- MIG 溶接 152
- N_2 分子 71
- Q スイッチ発振 50
- TEM 波 34
- TIG 溶接 152
- T 字貫通継手 154
- Xe フラッシュランプ 75
- X 線 10
- YAG レーザ 7,75
- YAG ロッド 75
- YLF 結晶 75

あ

- アーク溶接 152
- アレイ化 86
- 安全ロック 218
- アンダーフィル 172
- 宇宙線 10
- エイリーの公式 59
- エネルギー反射率 12
- オーバラップ率 53

か

- 開先ギャップ 197
- 回転ビーム 145
- 回転ビーム切断法 145
- 外部変調 51
- ガウジングジンの現象 135
- ガウス分布 20,34
- ガウスモード 33
- 角変形 175
- 重なり率 55
- 重ねスポット溶接 204
- 重ねすみ肉継手 154
- 重ね溶接 45,154
- 可視光線 10
- 活性層構造 85
- 割断 101
- カツラ材 25
- 価電子帯中の正孔 86
- ガラスの透過限界波長 19
- カルマン渦の現象 113
- 貫通溶接 47
- ガンマー線 10
- キーホール 154
- キーホール型 153
- キーホール型重ね溶接 182
- 気体レーザ 217
- ギャップ 170
- キャビティ 154
- 吸収率 18
- クランパー 223
- クレータ 159
- グロー放電 70
- 光子 8
- 光軸と切断フロントの距離 119
- 高周波放電 70
- 高周波放電励起 50
- 高性能レーザ複合生産システム 98
- 個体レーザ 217

さ

サイドガス	192
材料物性	65
サイン波	8
作用時間	65
酸化による化学反応	31
シートメタル加工	153
紫外線	10
軸モード	37
ジャイアントパルス	51
集光角度	62
集光スポット径	61
周波数モード	37
条痕	103
焦点角度	62
焦点深度	62
焦点はずし	24
蒸発切断	101
シングルモード	34
垂直入射	12
スキ量	197
スタック化	86
ストリエーション	137
正規分布	34
接合界面	46
切断加工技術	132
切断フロント	29
遷移	70
センターガス	192
全反射鏡	72
造波	109
ソリッドモデル	127

た

耐熱用グローブ	223
ダイバージェントノズル	144
タイムシャエアリング溶接	156
楕円筒型集光方式	77
多関節ロボット	79
多重モード	37
縦モード	33
ダブルノズル	144
単一モード	34
直接加工用半導体レーザ	85
チョコラルスキー法	75
突合せ溶接	166
ディスクレーザ	88
デフォーカス	24
デューティ比	53
電子ビーム溶接	152
点付け溶接	204
伝導型	153
ドップラー幅	37
ドップラー広がり	37
ドラグライン	103
ドロス	39
ドロスの生成	123
ドロス発生のメカニズム	125
ドロスフリー	103
ドロスフリー領域	39

な

内部プラズマ	28
内部変調	51
ニアガウス	41
入射ビーム径	62
熱定数	170
熱伝導型レーザ溶接	153
燃焼平衡レーザガス切断	145

は

ハーゲン・ルーベンスの公式	12
バーンパターン	33
パイプチューブの切断	147
ハイブリット溶接	207
波長	64
バックシールド	192
パルス波形制御	51
パルス幅	53
パルス励起YAGレーザ	50
パワー密度	65
バンドキャップ	85
バンドソー断面	197
ビードオンプレート	42,160
ビードの欠陥	194

ビームコリメータ	93
ビームスキャン溶接	156
ビーム走行	18
ビームの広がり	23
ビームパラメータ積	62
ビームモード	33
光移動方式	92
光強度の減少	16
光固定型	91
光走査型	92
光変調	51
表面溶接ビード	203
ファイバブラーク・グレーティング	82
ファイバレーザ	48
深溶込み型	153
深溶れ込み型レーザ溶接	154
不完全ビード	46
部分反射鏡	72
ブライディング	105
フライングオプティックス	93
プラズマアーク溶接	152
プラズマの発生	27
フルーエンス	65
平面加工機	72
へこみ	159
ヘリ継手	154
偏光ミラー	92
ポインティングスタビリティ	40
防塵・防毒マスク	221
保護メガネの着用	220
ポロシティ	157, 193

ま

マルチフォトン吸収	19
マルチモード	34
ミックスモード	33
面粗さの比較	40
モード同期レーザ	52
モードパターン	33

や

溶接ナゲット	190
溶接パラメータ	192
溶接ビード	190
溶接変形	194
溶接割れ	194
溶融金属の飛散	129
溶融切断	101
横電磁波	34
横モード	33

ら

ランプ励起	75
量子井戸	86
リングモード	42
ルビーレーザ	7
レーザ加工の4要素	64
レーザ機器取扱い者	219
レーザ作用	70
レーザ切断	98
レーザダイオード	89
レーザの輝度	62
レーザ媒質	75
レーザハイブリッド	208
レーザ発生装置の高出力化	216
レーザビームの光路	33
レーザプロセスの基本要素	65
連続波	50

わ

ワーク移動方式	91
ワイヤーフレームモデル	127
ワンサイド・アクセス	177

◎著者略歴◎
新井　武二（あらい　たけじ）
中央大学研究開発機構　教授
1945年生まれ。東京教育大学（現 筑波大学）大学院修士課程修了、
中央大学 大学院博士課程（単位取得）満了。
同 理工学部専任講師、ファナック基礎技術研究所主任研究員、アマダレーザ応用技術研究所長を経て現職。その間、電子技術総合研究所（流動研究員）、産業技術総合研究所（客員研究員）を歴任。
2006年～2010年までレーザ協会会長を歴任、現在、理事。
工学博士、農学博士。

●主な著書
「レーザ加工の基礎工学（改定版）」丸善出版、2013年12月
「絵とき レーザ加工基礎のきそ」日刊工業新聞社、2007年6月
「高出力レーザプロセス技術」マシニスト出版、2004年9月
「はじめてのレーザプロセス」工業調査会、2004年6月
その他多数

実用　レーザ切断・溶接加工
－実践に役立つレーザの知識－　　　　　　　　　　NDC549

2014年6月27日　初版1刷発行

（定価はカバーに表示してあります）

Ⓒ　著　者　　新井　武二
　　発行者　　井水　治博
　　発行所　　日刊工業新聞社
　　　　　　　〒103-8548　東京都中央区日本橋小網町14-1
　　電　話　　書籍編集部　03（5644）7490
　　　　　　　販売・管理部　03（5644）7410
　　FAX　　　03（5644）7400
　　振替口座　00190-2-186076
　　URL　　　http://pub.nikkan.co.jp/
　　e-mail　　info@media.nikkan.co.jp
　　企画・編集　エム編集事務所
　　印刷・製本　新日本印刷（株）

落丁・乱丁本はお取り替えいたします。
2014 Printed in Japan
ISBN 978-4-526-07265-9　C3053

本書の無断複写は、著作権法上の例外を除き、禁じられています。